任性出版

會賺錢的人總是反常識

うまくいっている会社の非常識な儲け方

成本比定價貴三倍、瑕疵品賣給老顧客、
拿競爭對手商品來賣……

違反常識卻能高獲利！學起來

中小企業、一人公司行銷顧問
小嶋優來——著
林佑純——譯

目錄

第2章 客戶名單，你最重要的資產

第3章 打造暢銷商品的關鍵

第4章 「其實，我也是〇〇」行銷法則

第5章 寄居蟹式行銷：別人的，也是我的

第6章 急需現金或業績，就靠老主顧

推薦序一
光看目錄就想買！

均弘企管顧問有限公司總經理／陳家妤（Lulu 老師）

收到推薦序邀約時，心中又驚又喜！驚的是：怎麼會找我？喜的是：原來作者的想法跟我如此相近。每一篇文章都深深引起我的共鳴，也勾起我的回憶，原來商場上的經營之道，不論行業都如此相近。

這是一本光看目錄就會想買的書！

作者憑藉多年的實戰經歷，再加上他對商場的觀察、輔導客戶的資歷，而撰寫此書，所以書中有大量的實際案例，讀者既能輕鬆閱讀，也能輕易掌握作者想傳達的行銷理念。換句話說，**書中的案例都可以直接運用**。我相信，使用相同的行銷手法，你也可以輕而易舉的獲得滿滿收穫。

書中有許多例子，我也有相同的經驗，因此，我想在這裡分享、推薦，讓本書成為你思考行銷方案時的最佳參考依據。

例如第二章「顧客名單，你最重要的資產」、第六章提到「急需現金或業績，就靠老主顧」及「無論如何，都要給促銷一個理由」，這幾個章節恰好吻合我的個人經驗。

我曾在一家法國精品內衣品牌擔任業務主管，當時我負責的通路是百貨公司。

以臺灣市場而言，內衣銷售每年有三大檔期，分別是母親節、週年慶、春節（由於春節可能落在一月或二月，業績通常將這兩個月加總）。當年的二二八和平紀念日正好是連假，所以我在那段期間設定了較高的業績目標。

不幸的是，這段期間連下三天超大豪雨，大幅影響百貨公司的來客數。

眼見業績無法達標，身為業務主管，我必須想辦法在三月把它補回來！

於是，總經理召集行銷、業務、倉庫主管，召開緊急會議。會後，我們決定在三月八日舉行一日快閃活動，以「慶祝婦女節」。這就是本書所說的：**無論如何，都要給促銷一個理由**。

第二個重點是：**急需現金或業績，就靠老主顧**。因此，目標客群只鎖定我們現有的顧客名單。

第三，則是個人經驗的重要法則之一：**要吸引顧客，就要拿出誠意**。我們整理出銷售數字，找到賣得最好的十種內衣款式，接下來就是最重要的決策：**折扣要給最暢銷的前五名，還是排名第六到第十的款式？我的答案是後者**。

這是因為，排名前五的款式本來就是熱銷商品，即便沒有打折，顧客也會願意用原價購買，既然如此，何必再打折提升銷量？然而，如果給予優惠的是滯銷品，也無法引起顧客的興趣。

因此，我們決定針對銷售排名第六到第十的款式，提供第二套五折的優惠。一來這些是顧客喜歡的樣式，只要有促銷就會願意購買；二來，內衣屬於衝動性消費，將銷售成績前五名擺設在最醒目的位置，當顧客因為促銷活動而來到店裡時，除了折扣商品外，也會衝動的將熱銷款式一併買回家。

我們只向手中的顧客名單發送該活動的簡訊，卻成功吸引許多老主顧上門。而這場僅僅一天的快閃活動，也成功救回我一、二月的業績。

我用一個簡單的實例，說明這本書的實用性。而重要的事要說三次，所以，我再說一次：這是一本光看目錄就會想買的書，真心推薦！它值得你快閃購入！

推薦序二

創意，縝密的思考與策略推演

廣告樂血研究院長／Wawa

創意，許多人一提到這兩個字，總會聯想到天馬行空的想像或鬼靈精怪的點子，彷彿創意就是不斷冒出讓人拍手叫好的靈感。但如果你認為創意僅止於此，那麼你只理解了其中的一部分。**創意的本質遠不只是靈光乍現，更是一場縝密的思考與策略推演**。

在廣告發想的流程中，真正「動筆」其實是後段的事。在此之前，我們必須先問對問題，了解品牌的核心價值和消費者的心理。

誰是最有驅動力的消費者？影響他們行為的關鍵是什麼？如何讓他們對產品產生深刻印象，甚至心甘情願掏錢買單？要解決這些問題，就必須深入挖掘消費者的需求，發現那些尚未被滿足的欲望。

進行創作時，首要的不是「說什麼」，而是「問什麼」。找到正確的方向，能幫助我們從商業問題的根源下手。以我們曾經為某零食品牌策劃的廣告為例，最初，客戶希望強調產品有多美味，但市面上美味的零食比比皆是，我們如何讓這款產品脫穎而出？

經調查發現，該零食的主要消費者，年齡層是剛出社會的上班族。他們購買此類商品時，要的不只是單純的美味，而是「瞬問放鬆」的感覺。因此，我們決定將廣告的核心從「單純的美味」轉向「心靈的救贖與放鬆」。

廣告中，主角在繁忙的工作時刻吃一口零食，時間彷彿靜止，所有壓力瞬間消散。這一刻的愉悅正是消費者所渴望的。這樣的概念不僅吸引了消費者的目光，也讓他們產生共鳴，將產品與「心靈的救贖」連繫起來。

創意不僅是靈感的火花，它背後有著縝密的邏輯推演和無數次的推翻與重建。**許多人誤以為創意只是一種瞬間的靈感爆發，事實上，真正的創意是理性與感性互相搭配**，必須不斷推敲問題的核心、修正想法、打動人心，更要讓人留下印象，進而採取行動。讓品牌與消費者形成緊密的情感連結，才能找到那條最能打動消費者的道路。

本書有許多例子都非常值得一讀再讀，既有打動人心的感性面，也有理性掌控全局的深度。

有人說廣告是舊元素的新組合，這句經典也與本書的宗旨不謀而合。藉由作者對市場的深刻研究以及理解，深入淺出的分析各種行銷上的成功案例，相信能為許多正在名為創意這條路上的人們點起一盞明燈。

前言
書中的案例你可以馬上套用

本書是為了喜歡行銷，以及苦惱該如何提升業績的人們所寫，書中將介紹、解說各種商業模式。

我會盡可能介紹相關的實際案例。為了讓你在學習過程中多一些樂趣，我也會分享一些看似難以理解的賺錢手段。

為什麼我會這麼重視實例？因為透過模仿，即使是新手也能想出賺錢的好點子。

身為行銷專家，我目前的主要業務，是指導中小企業和一人創業家如何吸引客戶。我的客戶大都是行銷新手，相較於充滿利益、3C（按：公司、消費者、競爭者）分析、4P（按：產品〔product〕、價格〔price〕、地點〔place〕、促銷〔promotion〕）、獨特銷售賣點（unique selling proposition，縮寫為USP）等專業術語的基礎研討會，他們明顯更喜愛解析成功案例和營利模式。在了解成功案例後，他們只需要模仿，很容易就能應用在自己的工作上。

意識到這一點後，我開始介紹更多案例給客戶，並說明其中的營利模式。果然，採用這些方法的企業，營收都出現了明顯的成長。

我會分享大量實例，並解釋該如何將其實踐、運用在自己的工作上。過去我在為企業提供諮詢服務時，就有許多客戶曾主動反應：「如果有實例可以參考，會更容易理解。」

此外，我也曾聽過有上班族參加我的研討會後，在公司會議上分享我介紹的案例，結果被調派到行銷部門，並提升他在公司內部的評價。

如果你打算專門從事行銷，學習專業術語和銷售的本質是必經之路。不過，若是希望有效提升公司的營業額，或是主管對你的評價，**了解更多成功案例，就會是最簡單的捷徑**。

本書的目的，就是為讀者提供大量例子。如果你發現任何不錯的點子，請思考是否可以活用在工作上。

許多創新的靈感都不是來自於競爭對手，而是不同行業或領域公司的策略。而關於創意發想方法、行銷基本知識及術語等，則可以參考坊間其他相關書籍。本書希望能協助你透過模仿成功的企業案例，找出適合自己的創新商業模式。

第1章

會賺錢的人總是反常識

1 零利潤的商品怎麼賺到錢？

從現在開始，我將陸續介紹一些「反常識」的賺錢方法，讓你能夠充分理解，並在工作中實踐。

首先，我想解釋什麼是「反常識商業模式」。在本書中的定義為：**讓人不明白利潤在哪裡的巧妙商業模式**。

舉例來說，一個成本一萬日圓（按：本書日圓兌新臺幣之匯率若無特別標註，皆以中央銀行於二〇二四年九月公告之均價〇．二三元為準）的商品若以兩萬日圓售出，利潤就是一萬日圓。如果賣出一百個，就可以獲得一百萬日圓的利潤。這是一般常見的銷售方式。

但，如果同樣的商品以成本價出售，利潤就等於零。無論賣出一百個還是一千個，利潤依然是零。

零利潤的商品，怎麼幫你賺錢？其實，這已經是許多企業正在實際運用的方法，詳細內容將在第二章之後進一步說明。

為了讓你能夠更深入理解後面的內容，本章中，我將先介紹兩個基本原則，分別是「顧客的消費心理」和「顧客三階段」。了解這兩點後，能讓你更加明白，企業為何會選擇這樣不拘泥於常規的賺錢方法。

反常識商業模式能成功絕非偶然，而是背後運用了成熟的行銷策略，才能達成預期的結果。當你真正理解其中的原理，也會明白如何建立穩定的客源和業績。

現今這個時代，市場上的商品琳瑯滿目，即使產品特別講究原料，主打安心、美味等高品質要素，也不代表能順利賣出去。想讓消費者對商品產生興趣並花錢購買，需要強而有力的行銷策略。

希望本書中介紹的商業模式，能夠在你拓展事業的道路上，帶來一些不同於以往的啟發。

2 買電鑽的人，需要的不是電鑽

如果你不夠了解顧客的心理，即使學會了瘋狂的賺錢方法，也無法好好實際運用。

為什麼顧客會購買商品？首先，我們必須理解，人們的消費意願只來自兩種心理驅動力：

- 想解決某些煩惱。
- 想滿足某些欲望。

請回想你近期購買的商品或服務，一定也存在著這兩種心理。

以更簡單的例子形容，請想像你一年以上才會購買一次、日常用品以外的產品，也就是那些購買前你會仔細研究的商品或服務。

我總因打掃完沒多久，房間又出現棉絮而感到煩躁，雖想每天清理房子，但工作十分忙碌，所以無法這麼做。

後來，我想到掃地機器人或許能解決我的問題，而買了一臺，它確實也幫了我不少忙。

當初之所以購買掃地機器人，是為了解決每天都想打掃，卻又做不到的問題，在前述的心理驅動力中，屬於解決煩惱類型。

不過，掃地機器人的目標客群不只有想要每天打掃的人。有些人可能是因為使用吸塵器會腰痛，想找一臺不用彎腰的打掃器具；有些人是為了滿足家裡沒人時也能自動打掃，這類想改善時效比（時間效率）的欲望。

由此可見，人們花錢購買商品或服務是為了解決煩惱或滿足欲望，以達到期望。

魔術般的銷售技巧

這是行銷書籍中，經常出現的例子：**買電鑽的人不是想要電鑽，而是想要打洞。**

如果你是個工匠，非常喜愛各式工具，或許會因為買到牧田（按：日本電動工具生產商）的新款電鑽而格外興奮。但是，對一般人來說，購買電鑽只是為了在家具上打洞、在洞裡拴上螺絲以固定物品。換句話說，使用電鑽的最終目的是組裝家具，或是進行地震防護等工程。

消費者心中有一張未來的藍圖，正是為了實現它，他們才會購買商品或服務。

在行銷用語中，這個理想的未來被稱作「利益」（benefit），意思是**顧**

客真正想獲得的未來。這點非常重要，請務必記住。

當你理解利益的定義後，要出售商品和服務，就會像變魔術一樣神奇。成功的業務員都很擅長利用這一點，在推銷過程中，他們會向顧客具體描繪出未來的場景。

我曾聽過一位銷售車載音響的頂尖業務員這樣介紹產品：「安裝這套音響設備後，開車時會覺得濱崎步就坐在你旁邊現場演唱。」一位男性顧客聽了，笑得合不攏嘴，最後花了五十萬日圓買下這套音響。

這無關乎音響設備的規格，或是喇叭的製作品質等功能取向因素，而是因為這位業務員讓顧客想像出畫面，打動了他們，最後決定購買。

我想傳達的觀念是：人們購買的並不是商品或服務本身，而是理想中的未來。

所以，在撰寫廣告文案或是推銷商品時，**與其強調產品規格和特點，不如告訴顧客，使用這個商品能獲得什麼樣的未來**。當你能夠做到這一點，就會更擅長推銷商品。

接下來，要來談顧客的類型。**顧客可以區分成潛在客戶、新客戶、回頭客三種：**

1. 潛在客戶：對你的產品有興趣，但未曾消費過。
2. 新客戶：第一次購買你的產品。
3. 回頭客：已經採購你的產品兩次以上。

做生意其實非常簡單，就是要吸引並增加這三種類型的顧客。

- 如何讓潛在客戶對你的產品產生興趣？
- 如何讓他們進行第一次消費？
- 如何讓他們再度購買，甚至買兩次以上？

只需要思考這些問題，並付出相應的實際行動，就能提高你的銷售量。這三個問題有許多答案，不同方法和點子，將會衍生出不同的行銷手法或商業模式。

3 爭取新客戶得花大錢

接下來，我們來談談這三種顧客的特徵。

1. 潛在客戶

在商業世界裡，創造潛在客戶往往被視作最重要的一環，這也代表要盡量增加對公司產品感興趣的人數。大企業花費巨資打廣告，就是為了增加潛在客戶。

企業會利用電視、報紙、網路廣告和傳單等各種手段，展示自家產品的優點，並塑造品牌形象，讓顧客在潛意識中產生「這個商品還不錯」、「這個廠商值得信賴」等想法。

2. 新客戶

大多數企業都很努力想獲得新客戶，並認為增加新客戶能讓公司營收更加穩定。

如果新客戶持續增加，確實有穩定營收的效果。但在商業世界中，獲得新客戶其實是最困難的步驟，往往不如想像中容易。想增加新客戶，通常需要花錢打廣告。而**新客戶正是最難獲得且成本最高**的顧客類型。

3. 回頭客

回頭客指的是已經購買產品兩次以上的人，是最信任公司的重要顧客。回頭客通常會期待公司推出新產品或服務、特別折扣等資訊。他們同時也是最容易推銷的顧客，因此，當你急需提升銷售額或現金流（按：某一特定時間內發生的資金流入和資金流出）時，可以優先向回頭客推銷。回頭客也是最有可能購買高價商品的客群，可以針對回頭客推出高階方案。他們是公司的忠實粉絲，所以應該特別善待這個客群，長期保持良好的交流與互動關係。

為了掌握每種顧客的數量，需要建立消費者的資料清單，也就是包含聯絡方式的名單。

- 未曾購買產品的顧客，列入潛在顧客名單。
- 將消費過一次的客人列入顧客名單。
- 購買產品兩次以上，則列為VIP顧客名單。

像這樣劃分，並分別增加這三種名單的人數，將有助於穩定業績。

4 比賣產品更重要的事

某位世界級行銷專家曾說：「做生意，就是利用產品和服務來蒐集顧客名單。」

也就是說，在商業活動中，**蒐集名單比銷售產品更加重要**。無論產品多麼優秀、銷售技巧再高超，若沒人對產品產生興趣，公司就沒有營業額。因為不感興趣的人們不會購買產品。

如何利用手上的產品或服務來蒐集名單？這是本書最重要的核心觀念。

現代管理學之父彼得．杜拉克（Peter Drucker）說：「企業的存在目的在於創造顧客。」企業的目的不單純只是銷售產品，而是利用產品和服務來創造市場。

你的公司創造多大的市場？衡量的標準就是你持有的名單數量。

我過去曾在一家大型汽車百貨上班。在安裝導航、更換輪胎、換機油等作業時，都需要填寫作業單，記錄顧客姓名、地址、電話號碼等資訊，實際上，這就是在建立及管理顧客名單。此外，公司還發行了有信用卡功能的會員卡，這也能同步管理會員名單。

公司會利用廣播、傳單、招牌等方式宣傳，主要開發對象是半徑十公里內的潛在客戶。我們會定期舉辦促銷活動，透過傳單招攬顧客，藉此增加訂單量或吸引顧客加入會員，增加名單數量。

對一家上市公司來說，這類顧客管理是基本原則。規模較大的公司，表面上看似隨意經營，實則自然的實踐理性且精心設計的策略，以創造市場。

當時，我將焦點放在營業額和毛利率，卻沒有留意到每個月增加多少會員或潛在客戶。如果你和我一樣，只關注營業額而忽略顧客名單，請務必了解顧客有不同類型，並思考該如何擴充名單。

只要名單數量增加，營業額自然會穩定提升。**持續創造潛在客戶，是經營事業的不二法門。**

免費贈品，不是隨便發就有效

依照公司的狀況，採取的行銷策略也會有所不同。如果你的公司處於創業第一年或第二年，尚未被市場所知，當務之急就是增加潛在客戶。

首先，必須讓顧客對你的產品感興趣，才能進一步產生購買的想法。因此，創業初期應該專注於開發公司的潛在客戶。

當然，即使是成立已久的公司，也不能忽視潛在客戶，因為他們是轉化為新客戶的重要客群。

以下是軟銀集團（日本電信業與媒體業控股公司）執行長孫正義曾經實

行的策略：

二〇〇二年底，孫正義為了推廣家用寬頻網路，曾大規模免費發放數據機。除了電器行，也選在百貨公司和車站等人潮眾多的地點進行。

經歷過上述事件的人，可能還隱約記得印有Yahoo! BB（雅虎寬頻）標誌的紅色紙袋，這些紅色紙袋就是Yahoo! BB的經典廣告象徵。

當時，軟銀這個名字還不為人所知，孫正義巧妙利用了已在美國闖出知名度的Yahoo!品牌，成功開拓了日本的寬頻網路市場。時至今日，軟銀集團的名號無人不曉。

透過這樣的活動，孫正義發揮自家產品的優勢，並獲得大量的潛在客戶名單。經過免費體驗，許多用戶對這項服務非常滿意，在活動結束後，仍選擇支付月租費、繼續使用Yahoo! BB。

這項策略不僅讓軟銀集團收獲大量的潛在客戶名單，還成功將其轉化為新客戶。

當然，大量免費發放數據機也引發了一些問題，讓孫正義一度面臨艱鉅的挑戰。不過，那又是另一個故事了。如果對這段歷史感興趣，可以閱讀其他有關孫正義經營哲學的書籍。

上述的案例中，關鍵在於軟銀集團並非盲目的免費發放自家產品。如果不假思索的免費贈送產品，只會演變成巨大的虧損。但孫正義事先設計了一個堅不可摧的商業模式，確保用戶在試用之後仍會繼續支付月租費。因此，即使第一年虧損，只要能成功打入市場，幾年後就能轉虧為盈。

如果你想仿效孫正義的做法，透過增加潛在客戶名單來獲利，就要確定顧客免費使用產品或服務之後，還願意繼續付費使用。這部分的策略需要經過詳盡的事前規畫。

只要建立起體制，你也能成為穩定公司業績的行銷高手，並開創反常識的創新商業模式。

使用自家產品來吸引潛在客戶的方法及案例，將在第二章詳細介紹。

5 打廣告的眉角

如果你的公司已經穩定營運超過五年，應該也已建立起穩定創造潛在客戶、轉化新客戶的基本商業模式（否則公司將難以存續）。

在這個階段，公司需要透過廣告宣傳，以更高的效率吸引更多潛在客戶，並提升其轉化成新客戶的機率。

然而，如果廣告無效，就會浪費額外的成本，是風險非常高的一個選項。若非資金雄厚的大企業，一次廣告投放失敗，就可能對公司造成相當大的打擊。

因此，投放廣告時要盡可能迴避失敗的風險。

投放廣告時，有個值得嘗試的方法，那就是**大幅降低廣告商品的價格**。試圖從廣告產品中獲利，往往會以失敗告終。不如訂出薄利多銷的價格，以增加新客戶名單為目標。如果降價後，銷量沒有反應出成果，代表問題可能出在廣告內容或媒體選擇上，才無法傳達商品的吸引力。

如果選擇以定價打廣告失敗了，你很難分辨是商品本身的吸引力不足，還是價格過高，如此一來就無從改進。結果就是下一次投放廣告失敗的機率提升，浪費更多成本。

訂定廣告商品的價格時，應該讓顧客一看就覺得「不買就虧大了！」**打廣告的同時，也必須同時獲取名單**。所以，請將廣告費用視作促銷成本，大幅降低廣告商品的價格，以達到吸引顧客的效果。

6 什麼時候必須優待老客戶？

你是否聽過帕雷托法則（Pareto Principle，又稱八二法則）？這個法則是指：二〇％的成因，會影響八〇％的結果。如果將其應用在銷售上，就是「**二〇％的顧客創造了八〇％的營業額**」。

而這二〇％的顧客，就是回頭客。

他們信任你公司的產品或服務，並且購買了兩次以上。因此，不妨提供一些特別待遇來回饋他們，例如：

- 獨家優惠活動。

- 送老客戶五倍點數。
- 優先選購新產品的資格。

提供這些特別服務，讓回頭客願意一再購買你的產品。請務必將這些顧客當作VIP對待。

特別待遇太多，反而失去感動和驚喜

不過，也不需要時時刻刻提供特別待遇，只要在方便時適度給予優惠即可，例如：

- 每年營業額較慘淡的月分。
- 生意冷清的時期。

在我過去任職的汽車百貨，十月、一月和二月都是銷售淡季。因此，公司會在這幾個月發放優惠券給會員。

這幾個月營業額本來就不高，利用這個時期優惠回頭客，讓他們享受特殊待遇，顧客因此感到高興，公司營業額也得以提升，可謂雙贏。

此外，**急需現金周轉時，也可以指望回頭客的消費力**。當公司財務緊繃時，以特別的現金交易價格向回頭客兜售產品，也是個有效的做法。

過去我經營的廣告行銷公司，曾因為業績不如預期，資金周轉困難，面臨倒閉危機。

當時，我急需一筆現金脫離困境，思考一陣子，我想到了一個能立刻獲得現金的方法。我發送一封郵件給曾委託我們撰寫廣告文案的企業，內容大意是：「現在預付款項，即可享廣告文案費用半價！」

事實上，我是抱著抓住救命稻草的心情寄出這個通知的。結果收到了兩家公司回覆，其中一家甚至訂購了三篇文案，迅速拯救了我們的財務危機。

雖然接到訂單之後得熬夜工作，但比起資金短缺導致公司倒閉，這種程度的辛苦根本不算什麼。

如同上述，回頭客可以在需要的時刻，幫助我們提升營業額，是非常重要的客群。針對回頭客的行銷策略，我會在第六章重點介紹。

總結

◎反常識商業模式，指不易看出利益的巧妙商業模式。

◎顧客購買商品的原因只有兩個：解決煩惱和滿足欲望。

◎顧客可區分成潛在客戶、新客戶和回頭客。

◎建立顧客名單，並不斷增加名單數量，就能邁向成功。

◎吸引潛在客戶的有效方法之一，就是提供免費試用產品。

◎獲取新客戶往往需要投放廣告，大幅折扣可創造出引人注目的商品。

◎特別優待回頭客。必要時，就要靠他們來提升營業額。

第2章

客戶名單，你最重要的資產

1 賣高枝剪不會賺，為何還要賣？

學習行銷法則時，經常會接觸到兩個知名的故事。

在俗稱「打架失火、江戶花朵」的江戶時代（一六〇三年至一八六八年），據說布店遭遇祝融之災時，店家會在第一時間將顧客帳冊搬到地窖等安全場所，再行逃難。

顧客帳冊，也就是第一章提到的名單。即使所有商品都被燒毀，只要保有顧客帳冊，就能重新開始做生意。

另一個例子是二十世紀初的世界鋼鐵大王安德魯·卡內基（Andrew Carnegie），他曾說：「你可以拿走我所有的財產，但不要帶走我的顧客名單。只要有名單，我就能重現榮景。」

這兩個故事告訴我們，**一旦獲得名單，就能反覆向名單上的顧客推銷，這是企業獲得穩定收益的基礎。**

做生意最重要的資產就是顧客。因此，提升顧客數量就顯得格外重要。顧客數量增加，名單自然也會跟著增加。

超暢銷商品的意外用途

那麼，行銷高手們都如何獲取客戶名單？以下介紹一個具體案例：

你聽過高枝剪嗎？它是一種能安全修剪高處樹枝的工具，不需要爬上梯子就能完成作業。

有一款高枝剪，在電視購物頻道販售長達十年以上，是一款超暢銷商品，即使到了現在，它仍持續在網購平臺或家居建材中心等處販售。

假如我不熟悉行銷領域，可能會單純覺得這個產品賣得很好，一定是因為用起來很方便。然而，當我第一次聽到某位專家講解高枝剪背後的行銷策略時，我感到非常震驚，彷彿當頭棒喝。

事實上，這款高枝剪的銷售利潤並不高，在購物臺上甚至以幾乎虧本的價格販售。

如果你售出一個價值一萬日圓的商品，卻只能賺到十日圓的利潤，甚至可能虧本，你還會繼續賣嗎？大多數人應該都不會選擇這樣做，而是選擇販賣利潤較高的商品。但是，這家公司卻在購物臺持續販售這款幾乎不賺錢的高枝剪超過十年。

為什麼他們會持續販賣不賺錢的商品？哪些人會需要購買高枝剪？

購買高枝剪的顧客有高大樹木必須修剪，也就代表他們家中有庭院。換句話說，這些顧客擁有獨棟房屋，且具備一定經濟能力。

購買高枝剪的顧客在下單時，需要提供姓名、地址和電話等聯絡方式以便寄送商品，這些資訊就成為一份寶貴的顧客名單。

之後，電視購物公司會寄送高級產品的促銷目錄給這些顧客，例如珠寶等瞄準富裕階層的商品，其中可能就有一、兩位客戶購買這些珠寶。到了這時，公司才真正開始賺錢，因為珠寶的利潤非常高。

此外，住獨棟房屋的人通常不會隨意搬家，因此，只需要定期寄送各種高級商品資訊、向對方銷售高利潤的商品即可。

高枝剪這種利潤不高的商品，其實是為了鎖定富裕的新客戶名單。

雖然無法完全證實其真實性，但在行銷界中，這個故事相當有名。我認為這是一個十分巧妙的商業模式範例。

2 先找目標客群，再開發產品

高枝剪行銷最出色的地方在於，它能精準獲得理想的目標顧客名單。你可以參考這個案例，找到適合自己公司的「高枝剪」。

掌握理想顧客，是讓業績穩定的一大關鍵。

假設你的公司銷售保健食品，肯定希望盡量吸引注重健康的客群；如果公司主要販售化妝品，就會需要重視外表的客群。為了吸引目標客群，公司應該販售什麼樣的產品？

這時，需要透過逆向思考來找出答案。

假如一家企業對自家產品的品質特別有信心，常見的思維模式是，評估產品能賣給哪些顧客，先製作產品，再銷售給適合的客群。而更理想的做法是，**先思考公司理想的目標客群想要什麼樣的產品，再根據顧客需求來開發、製作產品**。

直接向從未購買公司產品的顧客推銷，是難度最高的商業行為。

因此，我建議先提供免費產品給目標客群，或是以低價銷售。先獲取名單，再向顧客推銷公司真正想銷售的產品，藉以提升成功機率。

人們在第一次購買某家公司的商品或使用服務時，往往會抱持質疑的態度鑑定。不過，當他們發現商品或服務足夠優質，這種懷疑的心態就會煙消雲散，後續也比較容易接受不同產品的推薦。

你是否也經常思考如何賣出高利潤的商品？不妨**在推銷高利潤產品前，先提供目標客群容易接受的商品或服務，讓他們下手購買**。

這樣的方法，是銷售公司主打商品的最佳捷徑。

3 模仿高枝剪策略的成功案例

本書的目的是介紹一些優秀的行銷手法，讓你能實際應用於工作，提升業績。接下來將以實際案例為基礎，逐步說明。

首先，我想分享我的客戶在參考（講得直接一點可以說是抄襲）高枝剪行銷策略後，成功獲取顧客名單的案例。

某位經營葡萄酒批發業的女老闆在事業初創時期，手上幾乎沒有顧客名單。聽到高枝剪行銷的故事之後，她開始思考如何蒐集名單。

其中一個點子，是舉辦葡萄酒試飲活動。不是一開始就積極推銷葡萄酒，而是邀請喜愛葡萄酒的人參加試飲會，讓他們投入其中、享受活動，最終留下聯絡方式。

不過，只向熟人和原有顧客宣傳試飲會，就算舉辦活動也無法得到新客戶。為了獲得新客戶，她需要找到其他人幫忙吸引新客源、拓展人脈。

於是，她想到了一個辦法，也就是請保險業務員幫忙。

她知道保險業務員為了推銷保單，經常策劃各種活動，像是數人至十幾人的輕旅行、高級燒肉聚餐等，對他們來說都是家常便飯。

接著，她便聯繫了一位保險業務員，提出合作邀約：「我會負責採購葡萄酒、場地規畫與後續清潔，您只需要幫我招募十位以上的參加者，每人收取五千日圓的報名費，而且我們不會向您收取任何會費。」

對保險業務員來說，由於平時就有主辦活動的經驗，要找到十個人參加試飲活動，自然不是件難事，更何況自己還能免費參加。這名業務員很快就答應了這個提議。

結果，這次活動不僅帶來了五萬日圓的營收，還獲得了十位喜愛葡萄酒的新客戶名單。

最後，她將這個方案命名為「零成本葡萄酒試飲會」，繼續向更多保險業務員提出合作邀約。舉辦十次活動，就相當於至少增加一百位新客戶。活動企劃大獲成功。

活動後，她定期向這些新客戶寄送葡萄酒新品的DM和郵件，致力於讓他們成為回頭客，從名單中獲得了穩定的銷售業績。

另一個案例是我以前住家附近的自助加油站，我經常光顧那裡的五百日圓手工洗車服務。

那家加油站設有一臺大型的洗車機，但進口車通常會選擇比較保險的手工洗車。愛車人士為了避免洗車機造成車體微小刮痕，也會選擇手洗。因此，五百日圓銅板價的手工洗車服務非常受歡迎。加上員工熱情親切的服務態度，讓我也成為他們的常客。

每次委託手工洗車時，員工都要為顧客填寫一張作業單。沒錯，這張作業單其實就是顧客名單。

加油站員工會在填寫作業單時，確認車輛的車檢日期，這個日期通常標示在擋風玻璃上方的驗車貼紙上，一眼就能清楚看到（按：臺灣車輛的車檢日期標示於行照上，在車輛保養或送檢時出示）。

當車檢日期將近，顧客就會收到一張廣告明信片，內容寫著：「非常感謝您的光臨！本店的車輛安全檢驗，皆由取得國家證照的技師負責……。」加油站透過這張明信片，宣傳他們專業又實惠的車檢服務。

由於當時我任職於汽車百貨，公司有固定的合作廠商，因此沒有在這家加油站進行車檢，但對不知道去哪車檢的人來說，很可能會因此選擇這家加油站。

只要是汽車業界的人都明白，車輛定期檢驗的費用是固定的，價格不會有太大的變動，利潤高且穩定。後來我去加油時，曾多次看到車輛開進驗車場，可見這樣的行銷策略非常有效。

你不妨也參考這兩個例子，思考是否能以不同形式應用在你的工作上，找出能獲取新客戶名單的商品或服務。

4 描繪一個彷彿真實存在的客人

公司的營收不穩定，很可能是因為顧客名單沒有增加，這包括潛在客戶、新客戶和回頭客。持續增加顧客名單，並從這些名單中創造收益，是企業的重要課題。

企業應將增加顧客名單視為首要目標。正如第一章提到：做生意，就是利用產品和服務來蒐集名單。這個觀念至關重要。

如果你手上的顧客名單與公司的目標客群一致，就可以重複向名單上的顧客推銷各種產品，增加回頭客的數量，進一步穩定業績。

假如公司還沒有符合的產品，就是你發掘新商品的絕佳機會。你的公司有類似高枝剪這樣的產品嗎?如果沒有,這是個大好機會,你很有可能藉由高枝剪行銷策略,進一步提升公司的營收。既然如此,不妨趁這個機會構思一些有助於蒐集顧客名單的產品。

一開始可能很難找到適合的產品,所以接下來,我將分享思考重點,引導你得出理想的解答。

首先,你需要鎖定公司的主要目標客群:匯集哪些人,能為公司銷售產生重大影響?

為了回答這個問題,我們需要確立理想的目標客群,也就是描繪出所謂的「人物誌」(按:Persona,又稱為「使用者畫像」,分析目標客群後,根據其特徵、需求、喜好和行為模式等,描繪出具體形象或虛擬角色),也就是公司目標客群中的具體人物特徵。

在行銷領域中,目標群體的設定通常比較廣泛,類似於「大致上是這種人」的概念。描繪人物誌時,則會將這個目標具體化,塑造出彷彿真實存在的個人形象，並詳細設定其特徵。

舉例來說，一家化妝品公司希望吸引的目標群體設定如圖表 1：

相較之下，人物誌的設定會更加具體，如圖表2所示：

圖表 2

化妝品公司的人物誌設定

姓名：野村幸子。
性別：女性。
年齡：50歲。
居住地：東京都世田谷區。
職業：家庭主婦。
興趣：看音樂劇。
家庭成員：丈夫、兒子、女兒。
家庭年收入：1,000萬日圓。
煩惱：最近在照鏡子時，注意到眼角出現黑斑，希望能有效去除。
期望的未來：變得更美麗，充滿自信的出門，跟朋友聚會或旅行。

在設定人物誌時，必須優先考量要銷售給住哪裡、什麼樣的消費者等問題，例如這個顧客主要會在實體店面還是網路上購物、是富裕階層還是一般消費者。因此，居住地和收入等項目就顯得格外重要。

同時，還需要具體設定、想像顧客購買公司產品的原因：

- 他們會因為什麼樣的煩惱，選擇購買你的產品？
- 購入後，他們期望獲得什麼樣的未來？

因此，請務必包括以下幾個項目：

- 性別。
- 年齡。
- 居住地。

- 工作／職業。
- 家庭成員。
- 個人年收入或家庭年收入。
- 煩惱（什麼樣的煩惱，會促使他們成為你的顧客）？
- 期望的未來（他們購買產品或服務，是期望獲得什麼樣的未來）？

雖然憑藉想像來製作人物誌也是一種方法，但如果公司已經有既定的經營模式，最好就從現有的客戶中，選擇最接近理想目標的對象當作參考，這樣會更真實且方便操作。

有時也會設定複數的人物形象，但通常以單一對象為佳。

接下來，根據化妝品公司的人物誌，思考該以哪種商品或服務，吸引這類型的女性成為你的顧客，藉此獲取她們的聯絡方式，也就是名單。

無論是公司現有或是尚未推出的產品，都可以納入考量。重點是找出這個特定人物願意購買的商品或服務。

思考時的重點在於，**避免直接聚焦於該人物的煩惱，盡量從其他角度來尋找切入點**。

例如，針對黑斑的煩惱，首先想到的解決方案可能是淡斑產品，但這樣的想法難以跳脫常規，只會出現跟以往差不多的點子。既然我們是在學習反常識的商業模式，就應該要從截然不同的角度來發掘創新的想法。

這種時候，人物誌就能充分發揮作用。例如：

- 如果想獲得居住在世田谷區（按：以居住環境良好而聞名，此區住宅較多為獨棟建築，因此給人富裕的形象）、五十歲顧客的聯絡方式，應該要推出什麼樣的商品？
- 五十歲的女性對什麼特別感興趣？

在這個過程中，你可以嘗試各種想法，探索新的可能性。暫時不必考慮可行性，先把它們全部寫下來。

以下方圖表 3 為例，不妨考慮推出相關的商品或服務，或是與提供這類商品的企業合作，增加獲得理想目標客群名單的機會。

圖表 3

當你思考自家公司以外的產品時，會產生一些有趣的想法，拓展瘋狂行銷的可能性。

50 歲女性可能會喜歡什麼產品？

① 音樂劇門票。
② 頂級飯店下午茶招待券。
③ 美術館門票。
④ 刊載精選溫泉住宿情報的旅遊指南。

5 你的公司有超低價的攬客商品嗎？

當你準備為理想顧客推出新商品或服務時，首先要計算出一個合理的價格範圍。如果選用其他公司的產品，請先了解它們的進貨成本。

這個步驟要注意的是，商品定價不宜過高。即使顧客對高價商品感興趣，實際花錢購買仍有很高的心理門檻。因此，**建議將價格設定在一萬日圓**（約新臺幣兩千兩百元）**以內，對顧客來說比較容易負擔和購買**。

這樣設計出來的產品，就相當於公司的高枝剪，在行銷用語中被稱作「前端商品」（front-end），我則更習慣稱它為「攬客商品」。

攬客商品的用意在於，讓顧客先下手購買，藉此獲取他們的聯絡方式

（名單），所以不必太過在意商品本身的利潤。如果連攬客商品都賣不出去，才真的是大問題。

所以，**請在不至於虧損的範圍內，盡量壓低商品價格**。如果公司的情況允許，也可以考慮虧本販售。

一旦攬客商品開始發揮效果，就能更輕鬆的獲取顧客名單，並有效穩定業績。

總結

◎為了順利蒐集顧客名單，打造像電視購物臺中高枝剪般的攬客商品（前端商品），是非常有效的策略。

◎具體描繪出公司想吸引的目標客群，從顧客的角度設計商品，而不是只考慮如何賣出現有產品。

◎讓顧客第一次下手購買最為困難。只要有理想的攬客商品，這一步會變得更加順利，也能有效降低顧客第二次回購的心理門檻。

◎思考你的公司能推出什麼樣的攬客商品。較有效的方法有兩種：

1. 設定人物誌，並構思出讓顧客心動的商品或服務。
2. 將價格設定在顧客能輕鬆接受的範圍。

◎定期與潛在客戶和新客戶保持聯繫，設法使他們成為回頭客，以穩定提升業績。

第3章

打造暢銷商品的關鍵

1 先釣客戶上門的超低價商品

你的公司有任何一款能讓你充滿自信表示賣得很好的產品嗎？擁有這樣的商品，是穩定商業模式的一大關鍵，即使無法帶來利潤也沒關係。

實際上市販售後，如果公司虧損連連，就不是好的商品。但如果售價能打平成本，那就可行。

只要刻意設定一個能讓路人覺得「這價格太划算了！不買可惜！」的金額，就可以打造出暢銷商品。之後再讓這些暢銷商品的消費者，購買其他更高利潤的產品，就能從中獲利。

其實，這種方法隨處可見。例如超市傳單上一袋五日圓的豆芽菜，或是九十八日圓五盒裝面紙等特價品，都屬於促銷期間推出的超低價商品。

重點在於，到超市消費時，很少人只購買特價品。如果多數顧客都這樣做，超市反而會虧本，但大部分顧客在選購商品時，還會順便購買其他食品或日用品。超市會從這些商品中獲取利潤，然後再利用這些利潤進行其他促銷活動。

有了暢銷商品，隨時都能締造亮眼的業績

這種策略在行銷術語中被稱作前端商品與後端商品（back-end）。前端商品就是攬客商品，後端商品則是利潤商品。

我推薦的方法是，設計前端商品來吸引顧客，並藉此銷售後端商品。我將這樣的策略稱作「暢銷行銷」。

當你擁有一款低價銷售一定會大賣的商品，就能隨時提升業績，是一個

非常實用的策略。

在第三章中，我將介紹幾個暢銷行銷的實際案例。

2 吉野家不靠牛丼賺錢

我們將從一個容易理解的例子，來推測吉野家（日本跨國日式快餐連鎖店）的商業模式。吉野家向來以「快速、便宜、美味」為宗旨，深受忙碌的上班族喜愛。

吉野家的主力商品無疑是牛丼。牛丼的熱銷與否，是吉野家賴以生存的根基。因此，牛丼的價格也被設定在接近極限的低價。那麼，他們究竟如何賺取利潤？

答案就在雞蛋、小菜、沙拉和味噌湯這些副餐。

以超市為例，一盒十顆的雞蛋售價通常落在兩百四十日圓上下（所有價格均為作者撰寫本書時的數據），也就是每顆二十四日圓。由於吉野家是大量採購，成本會比零售的超市更低。但是，在他們的菜單上，雞蛋以每顆七十八日圓的價格出售，帶來了不錯的利潤。

因此，即使牛丼的利潤不高，吉野家仍能靠副餐來彌補這部分的收益。

我是吉野家的常客，每次點餐時都會加點雞蛋和味噌湯。像我這樣的客人，應該能帶來不少利潤。也因為我知道吉野家的營利模式，經常覺得只點一碗牛丼似乎有點對不起吉野家。

3 成本率高達三〇〇%的法國料理

接下來要介紹的，是一家非常擅長行銷的法式餐廳——我的法國菜（俺のフレンチ）。這家餐廳的行銷手腕極為出色，料理的水準也相當優秀，是我個人非常欣賞的企業之一。

我參考了餐廳開店初期的報導、日本作家田中靖浩的《行銷高手都想上這堂訂價科學》及相關書籍，以下是這家企業實踐暢銷行銷策略的技巧：

我的法國菜在營業初期，由於經常出現在綜藝節目上，是一家特別難訂位的熱門餐廳。

他們的反常識商業模式之一，就是透過超乎尋常的高翻桌率，來達到營利目標。我的法國菜平均料理成本率高達九〇%，在追求極致美味的同時，如果以一般餐廳模式來經營，基本上是無法獲得利潤的。

因此，我的法國菜大膽引進了過往法式餐廳從未採用過的「立食」（按：不提供座位，站著飲食），大幅縮短顧客停留的時間，藉此提升翻桌率。

這個創舉引人注目，當時還頻繁出現在電視節目中，許多餐飲業者也紛紛效法，將這個文化引進自家餐廳。

據說，我的法國菜曾經推出一道名為「活鮑海膽凍佐魚子醬」的料理。這項商品的食材成本高達九百日圓，卻以三百日圓的價格提供給顧客。

推出成本率高達三〇〇%的料理，賣得越多自然就虧越多。那麼，我的法國菜為什麼會採取這種冒險的做法？這背後隱藏著一個極具策略性的行銷手法。

這道活鮑海膽凍佐魚子醬，主要是當作行銷宣傳的話題。當時，這道菜成為新聞媒體報導的焦點，顧客們也在社群平臺上分享。

許多人因此被吸引，紛紛表示想吃，於是顧客蜂擁而至。

這道菜每天限量二十份，期間限定也發揮了極大的宣傳效果，成為了店家專屬的暢銷商品。

每道成本九百日圓的料理，以三百日圓的價格出售，相當於每賣出一份，就會虧損六百日圓。一天限量供應二十份，則是每天虧損一萬兩千日圓。

但是，由於許多人是為了這道料理而來，等於每天只需要花費一萬兩千日圓的廣告費，就能吸引大量顧客上門。這是一種非常巧妙的行銷手法，直接將促銷金額當作廣告宣傳的費用。

賠本生意，須限定時間

這種行銷手法有一點需要特別注意，當利用賠本的極端促銷活動來吸引顧客時，絕不該長期販售。平常應盡量避免推出賠本銷售的商品。

這種做法不僅會增加長期虧損的風險，甚至可能觸犯競爭法的「不當廉價銷售」（俗稱傾銷）（按：在臺灣，以低價利誘或其他不正當方法，阻礙競爭者參與或從事競爭，恐觸犯《公平交易法》。低價利誘是否有限制競爭之虞，應綜合當事人之意圖、目的、市場地位、所屬市場結構、商品或服務特性及實施情況對市場競爭之影響等加以判斷）。

推出這種極端且低價的暢銷商品時，必須限制銷售的時間，例如僅限一天或最長一週，才能避免潛在的法律風險。這一點請務必牢記在心。

順帶一提，本章後續將提到的車用導航系統案例，因為市場價格波動，迫使企業必須以低於成本的價格出售產品，在這種情況下即使長期販售，也不會被視為傾銷手段。

4 以特價商品培養常客

暢銷商品不僅能吸引潛在客戶和新客戶，還能有效使他們成為回頭客。

以下是一家頂級高爾夫用品專賣店的真實案例：

這家店鋪主要販售高價商品，目標客群是富裕階層的顧客。店內展示著售價五十萬日圓的高爾夫球袋，和單價超過十萬日圓的時尚高爾夫服飾，裝潢也極盡奢華。

老實說，感覺不是任何人都可以隨意進入的店家。

然而，在這家專賣店裡，卻放著一件價錢有些格格不入的商品——高爾夫球。

這些高爾夫球，在愛好者中相當受歡迎。並不是因為材質特殊，這些是在其他量販店也能買到的普通高爾夫球。不過，這家高級專賣店的高爾夫球，售價卻略低於其他店家。雖然不至於賠本，但估計也沒有多少利潤。

了解這些資訊的高爾夫球愛好者，會特地前往該專賣店購買。由於高爾夫球屬於消耗品，用完就需要補貨，所以這些顧客會頻繁的光顧這家店。

隨著來店次數增加，顧客難免會注意到店內陳列的高級球袋、服飾和球桿等其他商品。會走進店裡的，都是對高爾夫球有著高度興趣的人，漸漸的，他們對這些品質優良的商品產生興趣，不少顧客最後也會購買這些高利潤的商品。

只關心售價的顧客很少會踏進高爾夫用品專賣店，即使一開始是被便宜的高爾夫球吸引，這些人也大都具備一定程度的經濟實力。

這家專賣店，刻意降低長期販售的消耗品利潤，讓顧客願意一再光顧，將潛在客戶和新客戶培養成忠實的回頭客，成功營造暢銷商品的定位。

將消耗品或其他需要定期採購的產品打造成暢銷商品，不僅能穩定吸引顧客，也能漸進式的培養出回頭客及常客。

建議你也可以在自家公司中尋找看看，是否有類似的商品能運用這樣的策略。

5 有沒有賺，看整體不看單一商品

前面介紹了一些企業案例，接下來要分享我的真實經驗，藉由親身實踐暢銷行銷策略，使自家公司年營收成長為四億日圓。

我在辭去上班族的工作之後，成立了第一家公司，主要業務是透過網路銷售車用導航系統。我曾在一家汽車百貨上班，因此也自然而然的經營起這項事業。

不過，一開始經營得並不算順利，因為我發現從批發商進貨的商品成本，竟然明顯高過網路上的最低售價。這樣即使以進貨的價格販售，也很難成功吸引顧客。

假如把商品價格壓到最低，就算能順利賣出去，也等於賣越多虧損越多。於是，我開始思考營利的方法，才有了暢銷行銷的概念。

當時，我將車用導航系統的價格調整到網路上的最低價，大約每售出十臺，就會被一個客戶詢問：「你們有導航系統的安裝服務嗎？」

這讓我靈機一動，在商品頁面的說明欄新增了「可提供導航系統安裝服務」。結果，表示需要安裝服務的訂單明顯增加許多。

儘管我們沒有直接提供安裝服務，但我找到了合作店家，將顧客介紹給他們，並從中收取仲介費用，成功獲取了利潤。

不僅如此，想將導航系統安裝到車上，還必須購買一個安裝套組，而這個安裝套組就是以正常價格販售，是我們的利潤來源之一。

由於顧客通常沒有安裝導航系統的經驗，也不清楚自家車輛需要哪種安裝零件。即便可以自己研究，並從網路上分別購買較便宜的配件，過程卻相當繁瑣，萬一選錯了更是麻煩。因此，顧客往往會直接加購我們準備好的專業套組，即使沒有特價出售，他們也樂意買單。

這個商業模式的核心在於，將導航系統的價格調整至網路最低價，打造成暢銷商品，藉此吸引顧客，再透過安裝服務和附加商品獲利。這與吉野家的案例有著同樣的策略思維。

自從建立這個模式後，即使無法透過導航系統獲利，也能提升整體收益。很多時候，賣出一臺十萬日圓的導航系統，利潤只有五百日圓，甚至可能因為網路價格波動而必須賠本銷售。但是，由於附加產品和服務項目獲利，因此，導航系統的銷量越高，對我們來說反而越有利。

透過這種薄利多銷的模式，我們公司的最高年營收達到了四億日圓。然而此時，智慧型手機的崛起，大幅降低了民眾對於車用導航系統的需求。

過去，車用導航系統一直是市場的主流，但隨著智慧型手機的進步，越來越多人直接以手機代替導航。儘管當時手機導航的性能還不夠完善，但如今這方面的功能已經變得十分強大。

眼見智慧型手機取代車用導航系統的時代即將到來，我產生事業的危機感，並產生企業必須轉型的念頭，因此，我開始考慮涉足無形商品，也成為從事現在工作的一大契機。

當時的我已經意識到，將車用導航系統打造成暢銷商品的這個策略無法持續太久。**就像食品有賞味期限一樣，商業模式也有其壽命**，不可能永遠維持發展趨勢。隨著時代和社會的變遷，有時也需要果斷做出轉型的決定。

在這樣的轉型時刻，掌握本書這些偏離常識的行銷手法，能讓你取得一些先機和優勢。

如果你現在也面臨與當時的我相似的挑戰，不必太悲觀，請把這視作一個創造新事業的機會。建議嘗試運用書中的知識與技巧，積極應對時代帶來的變化。

看完本章後，你是否也掌握了暢銷行銷的實踐技巧？第三章介紹的手法，關鍵在於**不依賴單一產品創造利潤，而是結合多項產品來營利**。

以整體的角度來觀察收益，而非單獨計算。這樣的觀點，將引導你制定出更好的行銷策略，進而實現反常識的商業模式。

此外，如同我的法國菜案例，將折扣視為廣告宣傳費的思維，或是像高爾夫用品專賣店，著眼於培養回頭客的觀點，也都非常值得參考。

一旦掌握了這樣的思辨能力，不僅容易在價格競爭中脫穎而出，還有可能發揮驚人的攬客效應。

相反的，那些不了解這種行銷策略的企業，可能會疑惑：「為什麼那家店以這麼低的價格販售，卻還能夠獲利？」這正是本書的宗旨，以及實現創新商業模式的真諦。

總結

◎將自家產品的價格調降到「肯定會大賣」的水準，打造暢銷商品。建議在不至於虧本的情況下制定最低價。

◎建立向購買暢銷商品的顧客，銷售其他高利潤商品的機制，創造所謂的暢銷行銷，也就是專業術語中前端商品及後端商品的概念。

◎暢銷行銷的案例隨處可見。例如牛丼連鎖店吉野家，就是利用暢銷商品牛丼來吸引顧客，並販售高利潤的副餐來賺取收益。

◎打造能創造話題的暢銷商品，即使這些商品實質上會帶來虧損，也能藉由宣傳效果吸引顧客，但仍須避免觸犯傾銷相關法規。

◎將需要高頻率購買的消耗品打造成暢銷商品，可吸引顧客多次前來消費。

◎思考如何將暢銷行銷模式運用在自家產品。例如，我曾將價格不斷下滑的主力商品打造成暢銷商品，並利用附加配件和服務，來獲取豐厚利潤。

◎不僅限於特定的單一產品，而是結合複數產品來創造利潤，這種思維方式有助於打造出更完善的行銷策略。

第 4 章

「其實，我也是〇〇」行銷法則

1 我是文案作家，也是行銷顧問

除了商品本身，你還可以將整個企業當作吸引顧客的工具。在第四章中，我將介紹這樣的策略——「其實，我也是〇〇」行銷。

暢銷行銷的核心理念，就是將收益視作一個整體，透過推出極低價格的攬客商品來吸引顧客，再利用其他商品來賺取利潤。

企業會將能產生利潤的商品或機制稱為「收益來源」。在暢銷行銷中，收益來源通常指附加產品，而不是主要商品。

若想將事業本身當作吸引顧客的手段，必須讓兩個以上的商品同時賺錢。公司內部能擁有多個收益來源時，就能更有效率的達成營利目標。

那麼，該如何實現這一點？這次，我們不需要透過降低價格來吸引顧客，而是**思考如何在已經成功的本業基礎上，發展更多的收益來源**。

以日本私人健身中心 RIZAP 為例，這是一家規模相當大的企業，他們積極投放電視廣告，多數人可能會認為他們主要從事瘦身、減肥等私人健身的相關業務。

RIZAP 目前的主力事業，是私人健身課程。不過，他們創立初期主要是銷售營養補充劑等保健食品，私人健身課程則是在後來才展開的業務，結果卻成為了意料之外的熱門服務。

儘管 RIZAP 所提供的課程知名度相當高，且廣受歡迎，但也伴隨著高昂的營業成本，如健身房維護、聘請教練等費用。

RIZAP 的私人健身課程，價格比同業競爭者高出許多，但它承諾能確實幫助顧客更加接近理想的體型和體重，比起其他公司推出的課程，它更具利潤空間。即便如此，這項業務的營業成本依然很高。

相較之下，營養補充劑等保健食品的生產成本較低、產品輕巧，儲存和運輸費用不高，卻能制定較高的售價，因此被視為高利潤的商品。這些保健食品大都來自RIZAP自家工廠，更進一步壓低了產品成本。

因此，RIZAP將大受歡迎的私人健身業務打造成暢銷商品，以此吸引顧客，並促使他們購買能實現理想體型或維持健康的保健食品。

這麼一來，公司不僅從私人健身課程中獲利，還能銷售高利潤的食品。

這是個不靠降價吸引顧客，卻能將業務拓展至兩個收益來源的絕佳策略。正是因為RIZAP剛起步時，就是一家販售保健食品的公司，才得以成功運用這樣的商業模式。

另外，我也非常欣賞日本創作歌手矢澤永吉。儘管最近已經很少聽到他的新曲登上Oricon（提供音樂排行榜等娛樂資訊的日本企業）排行榜第一名，但他的演唱會和音樂會仍場場爆滿，擁有大批忠實粉絲。

由於唱片銷售的成績已不如以往，因此，對於現代的音樂人來說，演唱會或音樂會的收益成為了主要的收入來源之一。矢澤永吉的每場演出都座無虛席，是生意非常穩定的音樂人。

演唱會和音樂會的收入來源不僅限於門票，販售周邊商品也是重要的一環。這一點不僅適用於音樂人，對運動員等「靠人氣拚買氣」的職業來說，周邊同樣是收入的重要支柱。

矢澤永吉的周邊商品銷售成績異常亮眼，甚至可以說是靠這些商品大賺了一筆。其中特別有名的周邊之一，是「YAZAWA 毛巾」。

在他的演唱會和音樂會中，有個環節是讓聽眾一起將這條毛巾擲向空中，這樣的集體演出已經成為一種傳統，同時也增加了矢澤永吉與現場觀眾間的互動和凝聚力。

一條毛巾的售價是五千日圓，且每次演唱會或音樂會，都會推出不同的款式。儘管有些人在丟出毛巾後，會撿起來重複使用，但大多數粉絲都會選擇在每次參加活動時，購買新的毛巾。

這個案例展示了如何以高人氣的演唱會及音樂會來吸引顧客，並透過販售周邊商品，創造新的收益來源。

我曾聽過其他人如此形容：「其實，矢澤永吉也是全日本最大的毛巾批發商！」

我認為這樣的說法非常精彩。這並不是在揶揄或取笑他，而是真切反映出「其實，他也是〇〇的專家」的想法，也是穩定經營事業的一大助力。

你是否能透過上述例子理解「透過事業本身來吸引顧客」的意思？在這個案例中，我以矢澤永吉為例，說明如何將演唱會及音樂會的事業延伸至周邊商品，而類似的手法，其實也被日本搖滾樂團湘南乃風等許多音樂人普遍運用。

接下來，我將分享自己如何實踐這些方法：

創業之初，我主要經營車用導航系統的網購事業。但在踏入這個領域之前，我也曾在一家上市公司旗下的汽車百貨工作，負責執行各類促銷方案和行銷策略。

因此，我在創業初期，也獨自承接一些外包文案，利用過去累積的經驗和技能來拓展業務。幸運的是，我因此接到了不少相關案子。

每當接到網站販售頁面或推銷信的文案工作時，我都會向客戶提供額外的建議，例如文案撰寫技巧、攬客手法等。這樣一來，客戶就會逐漸認知到，我不僅是一名文案作家，同時也是一位對攬客和賺錢之道頗有研究的專家。

雖然我的名片上只寫著文案作家，但這是一種策略，是為了讓「其實，我也是一位行銷顧問」的事實更具說服力，因此，我並沒有在名片上直接使用行銷顧問這個頭銜。

這也是因為行銷顧問的服務範圍太廣，讓人難以理解具體工作內容，且顧問界可謂競爭激烈的紅海市場（按：指已經存在、市場化程度更高、競爭較激烈的市場）。所以，我選擇將頭銜定位在相對較少見的文案作家，希望能建立起廣告文案專家的形象，藉此接到相關的工作機會。

隨著我承接更多不同類型的案子，客戶也會開始問我：「小嶋先生，與其說您是文案作家，其實更是個行銷專家吧？」

此時，我就知道時機成熟了。我會接著回答：「是啊，事實上，文案只是行銷手法的一部分。如果只懂得撰寫文案，效果並不顯著，因為文案需要配合整體行銷策略，包括攬客流程和評估廣告效果等。」

然後，我會繼續補充說明：「行銷顧問這個名稱，會讓人摸不著頭緒，不容易理解主要是在做什麼，所以我選擇了文案作家這個更容易讓人接受的頭銜，來開拓市場，並在合作過程中展示相關能力，讓客戶逐漸理解行銷顧問的工作內容，接受我的服務和協助。」

客戶聽了，通常會順勢詢問：「那麼我有沒有機會參加小嶋先生的行銷課程？」或是：「能否請您擔任我們公司的行銷顧問？」這樣的邀約不斷增加，也讓我進一步拓展了業務範圍。

當客戶稱讚你時，也可以進一步自我推銷：「不只是文案，也請讓我一併擔任您的行銷顧問吧，這樣一定會有更好的成效。請給我一個機會！」

- 我是文案作家，但其實也是一位行銷顧問。
- 專門提供私人訓練課程的健身房，其實也是一家保健食品的量販店。
- 擅長舉辦演唱會和音樂會的歌手，其實也是日本第一的毛巾批發商。

光是保持這種「其實，我也是〇〇」的行銷觀念，就能夠幫助你為公司找到全新的收益來源。試著在公司現有的熱門業務中，找找看是否有向顧客銷售其他產品或服務的機會。

這在行銷界被稱作多角化（diversification）策略，但正如前面所提到的，我更喜歡「其實，我也是〇〇專家」的說法。

你可以在〇〇中填入什麼樣的產品或服務？當你開始這樣自我提問時，就會激發出不同創意。

2 麥當勞不只賣漢堡！

提到漢堡，大多數人第一個想到的是麥當勞。毫無疑問，麥當勞是全球速食業界的龍頭。

對一般民眾來說，麥當勞是一家專門販售漢堡的餐廳。但其實，麥當勞的利潤來源不僅限於銷售食品。

長期以來，麥當勞不斷招募特許經營（franchising，簡稱FC）加盟商。

特許經營是一種加盟商與總公司簽訂合約，支付部分營收作為權利金，以換取使用總公司提供的品牌價值和經營技術的商業模式。

以麥當勞為例，總公司會提供土地和建築物，然後招募經營者。這是業界相當常見的一種特許經營模式。

換句話說，麥當勞就是特許經營業務的公司，表面上賣漢堡，實質上是將土地和建築物出租給加盟商，並從中收取租金。加盟商的部分營收，也必須以權利金的形式支付給麥當勞。

對於特許加盟商來說，只要能使用強大品牌的企業商標來做生意，即使需要支付這些費用，仍會願意與總公司簽約，因為品牌的影響力能夠保障其獲利。

當雙方都同意這樣的合作方式時，這種商業模式是完全合法的。但說得難聽一點，即使加盟商經營失敗，甚至連連虧損，麥當勞總公司仍然可以從租金和權利金中獲利，絕不會出現赤字。

也就是說，其實，麥當勞也是一間不動產公司。

這個案例看似複雜，但在核心思想上與第三章的案例沒有太大的不同，也就是利用公司原本就具備的業務強項，創造新的收益來源。**具備競爭力的事業，擁有非常大的價值**。

麥當勞以其業界領導地位及品牌知名度，吸引了眾多加盟商。總公司則透過收取權利金和租金，從加盟商的營收中獲取部分利潤，建立了穩固的商業模式。

不只賣商品，還可以賣知識和技能

參考前面幾個案例之後，讓我們來思考一下，你的公司有哪些競爭力？不一定要像麥當勞一樣成為業界龍頭，即使只是一家位於街上的小麵包店，只要能做出美味的麵包，就等於具備了強大的競爭力。

或許這間麵包店不會每天大排長龍，但如果它能常年在當地擁有穩定的客群，就足以讓你運用這份事業，開創嶄新的收益來源。

當然，我們也可以繼續賣麵包賺錢，但何不考慮加入一些反常識的商業模式？例如：除了賣麵包，我能不能把做出美味麵包的技術賣給別人？

有了這個想法，就可以繼續思考有哪些人需要這樣的技術。接著，可以把任何想到的點子寫下來，例如：

- 料理教室的講師。
- 供應學校營養午餐的公司。
- 主打現烤麵包的咖啡廳。
- 想幫新人製作造型麵包紀念品的婚宴會館。

當你不再局限於「怎麼賣麵包」這個問題時，就能發現與平常不同的潛在商機。請嘗試探索各種可能性，與員工集思廣益，或許能激發出意想不到的創新點子。這不僅有助於發展新事業，也能有效推動多角化策略、創造新的收益來源。

舉例來說，將前面的例子與「其實，我也是〇〇」行銷相結合，就會出現以下的可能性：

- 其實，我也是料理教室的講師。
- 其實，我也負責設計學校午餐。
- 其實，我也是咖啡廳的菜單開發顧問。
- 其實，我也是婚宴會館的紀念品製造商。

這些新事業的誕生，都能夠拓展公司的經營範疇。因此，我們不應只把目光放在原有的主要事業上，而要時常思考如何將自家公司的競爭力，轉化成另一個收益來源。不妨試著將最有競爭力的技術力，轉變為全新的商機。

3 客戶不再光顧的常見原因

無論你是用什麼方式累積顧客名單，這些名單都能在你尋求新的收益來源時發揮關鍵作用。

我的一位朋友是個自由插畫家，以下是他的實際經歷：

他的主要工作是接受插畫委託，根據客戶的需求創作並收取報酬，這也是插畫家典型的工作模式。

但是，當沒有工作委託時，他的收入就會中斷。即使利用閒暇時間積極宣傳，實際下單的決定權也不在他手中，難以控制何時會有收入，這讓他的事業極度不穩定。

為了解決這個問題，他開始經營自己的電子報。

這份電子報提供免費的數位插畫素材，下載後可以立即使用。訂閱電子報的客群，包括網站設計公司的員工、頻繁更新部落格的網紅等，平時常常需要用到免費素材的人。而他所創作的動物、上班族等主題插畫，便成為訂閱者收信時的一份小小期待。

我剛認識這位插畫家時，他的電子報訂閱人數已經成長到驚人的三十萬。

然而，由於插畫都是免費的，電子報本身並不是他的收益來源。那麼，他的收入來源來自哪裡呢？

首先，他針對想要學習插畫的訂閱者，開設了插畫繪製課程，向他們傳授自己的插畫技巧；另一方面，他也將自己的行銷經驗商業化，開始舉辦行銷座談會，講述自己如何將電子報訂閱人數推廣至三十萬，並從中獲利。

但是，最主要的收益來源，其實是安插在電子報中的企業廣告，也就是利用聯盟行銷（按：一家企業委託其他企業或個人推廣產品，當引流至該企業的客戶越多，協助推廣的企業或個人所獲得的酬勞越高）和成果報酬型廣告營利。

當你的電子報擁有多達三十萬名的訂閱者時，自然就有許多企業希望能在其中投放自家商品的廣告。於是，他將化妝品、保健食品、課程資訊等廣告嵌入電子報，發送免費插畫素材的同時，提供商品資訊。

當訂閱者點擊連結或購買產品時，他就能收到廣告報酬。而這筆收入，遠遠超越了他的本業，以及開設相關課程賺取的金額。

這位插畫家，其實也是一位成功的聯盟行銷專家。一切都歸功於他掌握了大量的顧客名單。

當擁有數量夠多的名單時，就形成了一個具有價值的傳播媒介。這個例子告訴我們，做生意時，顧客名單是不可或缺的要素。

如果你的公司擁有大量的顧客名單，何不考慮藉此銷售其他公司的商品？**銷售他人的商品，不需要自己管理庫存**，即使銷量不理想，也不會造成太大的損失。

藉由不同業務與名單的結合，開創新的收益來源，是一個十分值得嘗試的做法。

定期保養顧客名單

許多企業手中都握有顧客名單，卻無法善加利用。

顧客名單是公司寶貴的資產，應該定期維護、保持與顧客的互動，例如主動傳送簡訊、郵寄DM或是發送電子報等。

客戶不再光顧的最常見原因之一，就是他們忘了你的存在。

比方說，你第一次去某家餐廳用餐時，覺得「真好吃！我一定還要再來！」卻再也沒去過，甚至在不知不覺間，完全忘了那家店的地點和店名。

這並不代表你不喜歡那家餐廳，只是忘記了它的存在。如果有一天，你收到這家餐廳寄來八折優惠券，你可能就會回想起來，並決定再去一次。

定期與顧客保持聯繫，讓他們想起你的存在，「保養」顧客名單是十分重要的業務。此外，正如成功跨足聯盟行銷的插畫家，對顧客名單宣傳時，不一定只能推廣自家產品。或許有其他公司的產品或服務，能夠從你的顧客名單成功開拓新市場。

4 你有讓現有顧客追加購買的商品嗎？

當你用心觀察周遭，會發現有許多企業，都是以穩固的本業來吸引更多客群，再加入其他產品或服務，逐步擴展事業版圖。要經營事業，只有單一收入遠遠不夠。

有種說法是，企業的收益來源至少需要三大支柱，而本章的案例，正是介紹增加支柱的策略。請試著在你的本業中，尋找能夠利用的其他產品、服務，或是全新的收益來源。以下是你可以思考的兩個關鍵問題。

首先，問問自己有沒有**能讓顧客持續購買的產品或服務**。

近年來，訂閱制（subscription）非常流行，指每個月支付固定費用以享受服務的定期訂購商業模式。

如果能像訂閱制每個月持續銷售，是最理想的，即使頻率較低，只要能讓顧客定期回購即可，例如 RIZAP 保健食品和 YAZAWA 毛巾。

第二個問題是，有沒有**可以讓現有客戶追加購買的產品**？

當顧客購買你的產品時，只要沒有重大失誤，都能維持一定的滿意度。之後若是推出能解決其他煩惱的商品，回購的可能性就會大幅提升。如果是化妝品公司，可以思考購買淡斑、抗皺產品的顧客，還會有哪些困擾；健康產品公司則可以針對減重產品，考慮其他健康相關問題。

請找出顧客可能面臨的煩惱、發掘新產品，並定期積極宣傳。

總結

◎暢銷行銷是利用折扣吸引顧客，但如果你具備不需要降價就能攬客的高競爭力商品或事業，那麼將它們與其他高收益的產品或服務結合，能使事業更加穩定。這是專業術語中的多角化策略，但作者更傾向稱之為「其實，我也是○○」行銷策略。

◎用何種形式增加收益來源，完全取決於你的創意。像是連鎖加盟或聯盟行銷，不一定要販售自家產品，也可以出售你的專業知識或技能。

◎適時尋找與本業契合的產品或業務。從商業角度來說，就是指能發揮協同效應（按：指「一加一大於二」的效應）的項目。

◎善用顧客名單，創造新的收益來源。為了達到這個目標，必須定期與名單上的顧客聯繫。

◎詢問自己以下兩個問題，能幫助你找到新的靈感：

1. 有沒有能夠讓顧客持續購買的商品或服務？
2. 現有顧客有哪些想解決的其他煩惱？

第 5 章

寄居蟹式行銷：別人的，也是我的

1 行銷不該單打獨鬥

日本作家池井戶潤的經濟題材小說《下町火箭》，曾被改編成日本電視劇。故事講述一家小型的鄉下工廠「佃製作所」，起初被大型企業「帝國重工」刁難，但最終決定攜手合作，為了成功發射日本首枚國產火箭而努力。

在小說中，佃製作所的企業規模雖小，但擁有卓越的技術，以及比帝國重工更先進的閥門系統專利。也因此，帝國重工不得不放下自尊，與佃製作所建立合作關係。

這種策略性的業務合作模式，在行銷術語中稱為「合資公司」（Joint Venture，簡稱JV）。在JV的合作關係中，可以相互利用資源，目標是促進雙方事業的成功。

假如你對行銷、經營或會計有較深入的了解，可能會產生疑問，例如：沒有投入資金應該不算是ＪＶ，或單純合作應該叫做聯盟等。對於這些疑慮，本書希望以更簡單、易懂的方式說明ＪＶ（按：合資一般定義為兩家或以上的公司互相擁有部分股權。與股權無關的則稱為「策略聯盟」，在形式上也相對不嚴謹）。

此外，此處提到的資源不限於金錢或實物，也包括顧客名單、商品、技術或知識等，無論有形或無形，只要雙方是**為了共同目標，根據需求互相供應，就構成了ＪＶ的要素**。

在《下町火箭》中，佃製作所的閥門系統技術，就是他們的代表資源。由於帝國重工製作的系統，無法使火箭順利升空，因此必須與佃製作所合作。其後，兩家企業在國產火箭的發射計畫上，終於取得了重大進展。

世界第一行銷大師也不會忘記的策略

我想表達的是，你的公司所擁有的資源，必定會有其他企業感興趣。反過來說，與擁有你欠缺資源的企業聯手，也能提升自家公司的價值。

被譽為世界第一行銷大師的傑・亞伯拉罕（Jay Abraham）曾說，即使他遺忘了所有行銷手法，也絕對不會忘記合資策略。由此可見，JV在商業上能發揮多大的影響力。

如果我希望迅速提升公司的營收，會優先考慮有沒有跟其他公司合作的機會。從零開始打造公司缺乏的資源，既費時又花錢，不如尋找已經擁有相關資源的企業。

在本章中，我將介紹實現這個目標所須的思考方式和注意事項。請參考接下來提到的案例，並運用其中的JV和策略聯盟來大幅提升公司的營收。

2 先抱住強者的大腿

ＪＶ和策略聯盟是非常強力的行銷手法之一，但要成功推動，有幾個關鍵需要特別留意。

1. 明確分析雙方的利益

無論是你主動，或是對方提出合資邀約，首先要做的就是明確理解雙方的利益。只有一方獲益不能稱作ＪＶ。這更像是主承包商與分包商，或賣方與買方間的關係。

以麥當勞特許經營模式為例，加盟商借用知名品牌來做生意，看似是

JV合作。然而，實際上更像是加盟商購買了麥當勞的商品，所以並不符合JV的真正定義。

理想的JV，是兩家公司互補彼此的弱點。思考與哪些公司合作，可以達成互補關係，並以雙方利益為基礎，增進更多的合作機會。

我其中一項事業是文案服務。因此，撰寫文案的技能，對我的公司來說就是一項資產。於是我開始思考：會不會有企業也需要這項資源？

我把閃過的想法記錄在筆記本上，接著發現，最有可能對我的文案寫作技巧感興趣的，是網站設計公司。網站設計公司能製作出漂亮的網頁，但通常欠缺出色的行銷文案。

如果能在設計網頁時，提供客戶行銷文案，無疑會提高設計的附加價值。在這種情況下，假如我與網站設計公司合作，就可以創造出以下利益：

網站設計公司能得到的好處：

- 提供網頁設計服務的同時，也能撰寫出色的行銷文案，增強競爭力。
- 將文案當作附加服務販售，提升整體營收。
- 業務範圍拓展，不再局限於設計。
- 客戶不需要自行撰寫文案。
- 有效避免因等待客戶提供文案，而導致製作進度延誤的情況。

我（文案作家）能得到的好處：

- 網站設計公司會帶來一定客源，即使我不主動推銷，也能穩定接案。
- 能同時接受網站設計的委託，拓展業務範疇。
- 能將網頁設計當作附加服務項目，提升整體營收。

這樣等同於雙方都能販售對方的服務。只要透過上述方式，理解並共享雙方利益，就將大幅提升實現策略聯盟的可能性，促成讓自家公司、合作夥伴及客戶皆受益的三贏局面。

2. 理解雙方的目標

在共享雙方的利益之後，也要進一步了解雙方透過策略聯盟，想要達到什麼樣的成果？

共享目標有主要兩個好處：第一，**增進企業之間的關係**。第二，**當雙方預備結束合作關係時，討論能更順利**。

第一個好處是理所當然，但第二個好處可能就令人有些意外。

事實上，進行聯盟時的其中一個重要原則，就是不要因為習慣而保持合作關係。

舉例來說，我和網站設計公司之間，可能就會發生以下的情況：雙方約定每個月至少互相介紹一件案子，結果，網站設計公司每個月都有達標，我方卻沒有。

這麼一來，網站設計公司維持ＪＶ的意願自然會降低，若是出現其他具備同樣能力，且能帶來更多業務的文案作家出現，公司可能就會傾向於與對方合作。

因此，在一開始的討論階段，如果網站設計公司能夠明確指出「我們的目標是提升公司業績，如果無法每個月相互介紹一件案子，就會終止ＪＶ關係」，這樣一來，即使情況不如預期，結束合作時也不會產生爭執。

若是無法是先談妥目標，雙方可能產生猜忌或不滿。因此，請確保雙方在合作開始之前，先明訂目標，後續才能安心投入工作。

此外，提升業績並非ＪＶ的唯一目的，只要雙方同意安排的內容即可，例如：目標是提升服務的品質，即使沒有每個月互相介紹案件也沒關係。關鍵在於，**在實際開始合作之前，要開誠布公的討論彼此的目標**。

3. 提出讓對方難以抗拒的提案

當你向其他公司主動提出策略聯盟時，盡量**選擇比自家公司規模更大、營業額更高、更知名的企業**。這能夠有效提升自家公司的商譽與知名度，並快速增加營收。

我相信各位讀者，也會希望能跟《下町火箭》中帝國重工這樣的大型企業，或是規模和知名度更高的公司合作。但實際的狀況是，大公司通常不會輕易同意，這時，策略聯盟成功的可能性就取決於你的提案（條件）。

最簡單的策略，就是提供難以抗拒的超低價格。**只要能夠與目標公司建立夥伴關係，通常會伴隨豐厚的利益。即使初期沒有利潤，也值得一試。**

舉例來說，小型家電製造商如果希望與大型連鎖量販店合資，往往面臨被壓低價格的困境，最終不得不妥協。

我就曾聽過一些小型製造商抱怨這麼做賺不了多少錢，有些公司甚至因此放棄合作機會，導致經營狀況一路走下坡。

換個角度來看，大型量販店通常擁有小公司所缺乏的商業信譽。與他們合作，才能推廣自家業務。在這種情況下，當你向客戶推銷時，為了提升說服力，可以提到自家產品已經進駐某間大型量販店，但是完全無須提及你以什麼樣的價格供貨，只要強調雙方有合作的事實。

無論是以什麼樣的形式，與具有社會信譽的企業合作，這個事實本身就已經是非常寶貴的成就。

只要能給予超乎常理的優惠，讓對方覺得有吸引力，即便是規模更大的企業，也會考慮合作。就算沒能產生太多實質營收，你所要做的就是透過與其他公司的交易來賺取利潤。

我將這種策略稱作「無意識JV策略」。

在這種情況下，知名的大型企業可能不會意識到他們正在與你組成JV，甚至還將你視為下游供應商。但是從小企業的角度來看，這是一次斬獲良好商譽的機會。這或許也是小公司的生存之道。

此時，雙方的利益如下：

大企業能得到的好處：

● 以更低的價格進貨。

小公司能得到的好處：

● 借助對方的商譽，增加與其他企業洽談的籌碼。

● 借助對方的商譽，開拓新的客群。

但是，如果大型企業進一步要求降價，或提出更苛刻的條件，這時應要謹慎考慮是否該終止（無意識）ＪＶ策略、暫停往來。

當你已經提供極低的價格時，很難進一步降價，勉強維持這樣的合作關係，往往得不償失。與其這麼做，不如選擇其他能感受到你努力的夥伴，對公司更有利。

或許你會擔心，一旦終止（無意識）ＪＶ，就無法再繼續借助對方的名聲。但事實上，**即使停止合作，這種效應仍會持續很長一段時間**。往後和其他企業洽談時，只要提到公司曾經跟某間大企業合作，就能爭取一定的信任，就算老實表達終止合作的原因，也不會影響到自身信譽。

換句話說，只要你能成功抱住對方的「大腿」，這段合作經驗將成為你能反覆利用的推銷話術。因此，**關鍵在於，先與大型企業建立合作關係**。而這段過程中，交易條件就顯得格外重要。

舉例來說，假設你是一位經驗尚淺的培訓講師，可以以一萬日圓的價格提供培訓課程，並藉此累積經驗；假如是客戶數量還不多的零售業，可以透過低價供貨的方法，締造交易實績；而一位尚未成名的設計師，也可以考慮主動對知名企業以五萬日圓的設計費提案，藉此累積商業作品。

請將這些與知名企業的合作經歷納入你的履歷，再以此為基礎，拓展與其他公司的業務，這能大幅提升你公司的商譽，讓產品更容易銷售出去。

4. 獲取顧客名單

最後一項重點，也是ＪＶ最具價值的部分，就是在合作過程中努力獲取新的顧客名單。

舉例來說，當你們雙方共同舉辦招攬客戶的研討會或合作活動時，請務必在合作契約中明確提到，要共享顧客名單。

當然，也可能遇到對方禁止你與客戶交換聯繫方式的協議，但若是沒有相關限制，請務必積極爭取。

透過ＪＶ獲得的名單，通常囊括被合作對象的品牌吸引而來的客戶。這些客戶可能原本和你的公司毫無交集，因此格外珍貴。

我的公司曾透過某家網站設計公司結識一位客戶，一年後，這位客戶主動聯繫我們，詢問是否能幫他們撰寫傳單文案。幸運的是，我們順利接下了這個案子。之後，這位客戶也熱心介紹了許多工作機會，成為我們非常寶貴的VIP。

因此，在合作時，千萬不要忘記擴展顧客名單。與此同時，也請務必遵循合作夥伴間的基本禮儀。

例如，當我接到那位客戶的案子時，就主動聯繫了當初合作的網站設計公司，確認是否可以接受委託。這就是所謂的基本禮儀。對方同意後，我才接下了這份工作。

這種時候一定要注意禮貌，千萬不要試圖將對方的名單占為己有。

3

先付三百萬日圓當VIP，我得到絕佳廣告詞

接下來，我將以前面提到的重點為基礎，介紹一些成功實踐JV和策略聯盟的案例。

如果你的公司商譽或知名度還不高，那麼接下來要介紹的方法會產生很大的幫助，這些方法有助於大幅增加業績，特別是剛起步的一人創業。

我在創業初期，正是透過以下方法，成功接下工作，讓公司的業務漸上軌道。

當我察覺到車用導航系統的營收逐漸走下坡時，決定轉換重心，專注於剛起步的文案寫作事業。那時的我，非常渴望接到更多相關工作。

但就算積極開發客戶，仍沒有獲得太多的案子。即使之前已有十年的廣告從業經歷，也難以展現優勢。

經營諮商和文案寫作等無形產品，工作者的經歷幾乎等同一切。為了提升自我價值、接到更好的工作，我知道自己必須先取得亮眼的實績。但是，要獲得這樣的機會，首先又必須接到一些好工作，讓人陷入先有雞還是先有蛋的矛盾漩渦中。

於是，我開始思考自己能不能跟規模較大、營業額更高、有一定知名度的企業聯盟。

正如我前面所提到，與這類公司合作，不僅能透過合作夥伴的提攜，提升自家公司的業績，JV合作本身也將成為重要的履歷。

當時，我想到了一位知名的講師高木（假名），並計畫與他展開合作。

高木主要透過網站宣傳，整體營收相當可觀。我想，如果自己能在推廣時，稱這個網站上的文案是我寫的，是否也能帶來其他工作機會？

為了接近高木，我報名了最高價的個別諮詢服務（費用高達三百萬日圓）。在後續的諮詢過程中，我提出一個讓對方難以拒絕、反常識的提案：「請讓我來撰寫高木老師網站的銷售文案吧！就算無償我也願意！」

這其中也包括我的如意算盤，對高木來說，我是付了三百萬日圓的客戶，他自然不容易拒絕這樣的請求。結果如我所料，高木爽快的答應，並將某個專案的網站文案工作交給我。

對高木來說，這可能只是單純的委託，並沒有視為正式合作。但對我而言，這就是絕佳的機會，也形成了無意識JV策略。

更幸運的是，這個網站最終成功創造了超過一億日圓的營收。

這份工作經歷，讓我在推廣業務時輕鬆許多。很多客戶可能不認識我，但他們大都都聽說過高木這個名字。

於是，我在推銷自己時，可以很有自信的表示：「我負責高木老師的外包文案，曾協助他締造超過一億日圓的營收。」

這樣的推銷話術，為我帶來了不少工作，就連高木的學生們也陸續來委託我撰寫文案，工作量迅速增加。當初投資的三百萬日圓，也很快回本了。

這次的經驗讓我體會到，無意識ＪＶ策略竟能帶來如此驚人的效果，連我自己都感到不可思議。

緊抱對方的大腿！

上述的例子是否讓你更清楚該如何實踐無意識ＪＶ策略？關鍵就在於**主動發起合作，借助他人商譽來提升自己**。

因此，為了營造讓對方無從拒絕的狀況，就算是跳脫常規的提案也可能是必要策略。以上述的經歷分析：

- 我是三百萬日圓的VIP客戶。
- 主動提出免費服務。

我正是憑藉這兩點，成功開啟展開合作。

想獲得比自己更知名的企業信任，以及借助商譽，你得先設法抱牢對方的大腿。無論要使用什麼手段，只要能達成目標，都應該勇於嘗試。

例如，成為對方高價產品的顧客，就是一個比較容易實現的手段。其他類似方法，包括成為該公司的股東，或是利用人脈與對方聯繫等，也都是值得考慮的策略。

一旦成功抱住對方大腿，即使是無意識JV策略，後續你也能將成果轉化為推銷自家公司的利器。

以我的案例來說，與其試圖從高木身上獲得委託，不如透過高木建立聲譽，再向信任他的人以及相關企業推銷，成功爭取到工作的機率更高。

4 你的就是我的，我的還是我的

在第四章中，我介紹了利用本業吸引顧客，以及創造其他收益來源的策略，而這些方法同樣可以應用在JV，也就是在合作時，**應聚焦於如何透過銷售其他公司的產品來賺錢**。這是最經典的手法之一。

在市場上，擁有優質產品的企業不勝枚舉。這時，**只要將其納入自家銷售清單，你也能巧妙的從中獲取利潤**。

試著回想你曾經購買過，且感到十分滿意的商品，思考這些產品或服務是否也能成為你公司的商品？這是行銷人都應該具備的思維模式。例如：

- 經常光顧的餐廳。
- 目前使用的手機。
- 健身房的私人教練。

「你的東西是我的，我的東西還是我的。」這是日本漫畫《哆啦Ａ夢》中胖虎的經典名言。但事實上，這樣的想法有獨到之處。要打破常規，就必須開始考慮一些你平常不會想的事情。

假如你是個油漆工，可以考慮如何把市場上大受歡迎的拉麵，納入自家販售的商品中。儘管這聽起來異想天開，但或許能激發出一些有趣的點子。

必須特別留意的是，要盡量避免讓這個策略淪為單純介紹別人的東西。也就是說，**要實際將其打造成你的商品**。

比方說，假設你想將私人訓練服務商品化。替顧客與教練牽線是最基本的步驟，但如果後續是由客戶直接付款給教練，而不再透過你，那麼這就只是單純的介紹而已。

你應該做的是，充當顧客與教練間的仲介，先由你收取費用，再聯繫教練。這麼一來，你的公司也能從中獲得部分營收。

身為文案作家的我，也會擔任網站設計公司與客戶的中間人，但若是僅止於單純的介紹，就不會獲得實質收益。因此，我會介入整個流程，親自向客戶報價。

當然，這麼做表示我也需要負擔部分責任。假如客戶對網站設計服務不滿，則必須由我出面道歉。儘管如此，這仍能為我帶來一定的利益。更重要的是，我能夠確保服務品質。

以下是一家網站設計公司的案例：

> 該公司主要承攬網站設計，但也經常被客戶詢問，是否能接受廣告行銷委託。

由於沒有相關服務，因此，他們通常會介紹其他行銷公司給客戶。但製作廣告經常需要更動網站設計與文案，當行銷公司要求修改設計或文案時，設計公司必須配合其需求。

於是，這家公司開始思考，是否能將廣告行銷納入自家業務，避免反覆溝通。最終，他們決定自行提供服務。

而該公司的網路廣告行銷費用，分為以下兩種：

- 創立帳號等初期費用（初始投資成本）約為十萬日圓。
- 維護費用（營運成本）約為廣告費用二〇％。

他們開始思考，如何透過這個服務獲益，最後選擇從初期費用著手。由於後續的維護費用，會依客戶廣告方案而不同，因此他們希望能避免將其當作主要收益來源。

於是，公司將初期費用增加三萬日圓，設定為十三萬日圓。並且，只要每個月多付三萬日圓，便可無限次修改設計與文案。

該公司成功建立了一套整合性的服務。對客戶來說，最大的好處就是只需要與一家公司往來，在付款和溝通上都變得更加容易，也能更輕鬆的解決細節上的問題。

最終，該公司每筆委託的收入增加了十六萬日圓。在行銷期間，每個月還能固定進帳三萬日圓。

這是一個將其他公司的產品，轉化成自家產品來提升營收，同時建立訂閱模式的成功案例（見下頁、第一五七頁圖表4）。

在進行JV和策略聯盟時，不能只有企業獲益，也要讓客戶受益，才能達到永續經營與發展。

案例中的網站設計公司，正是著眼於客戶的需求，逐步建構出解決問題

的整合性服務，才建立了成功的商業模式。如果只是單純追求利益，僅自求方便，長期下來可能有損公司商譽。

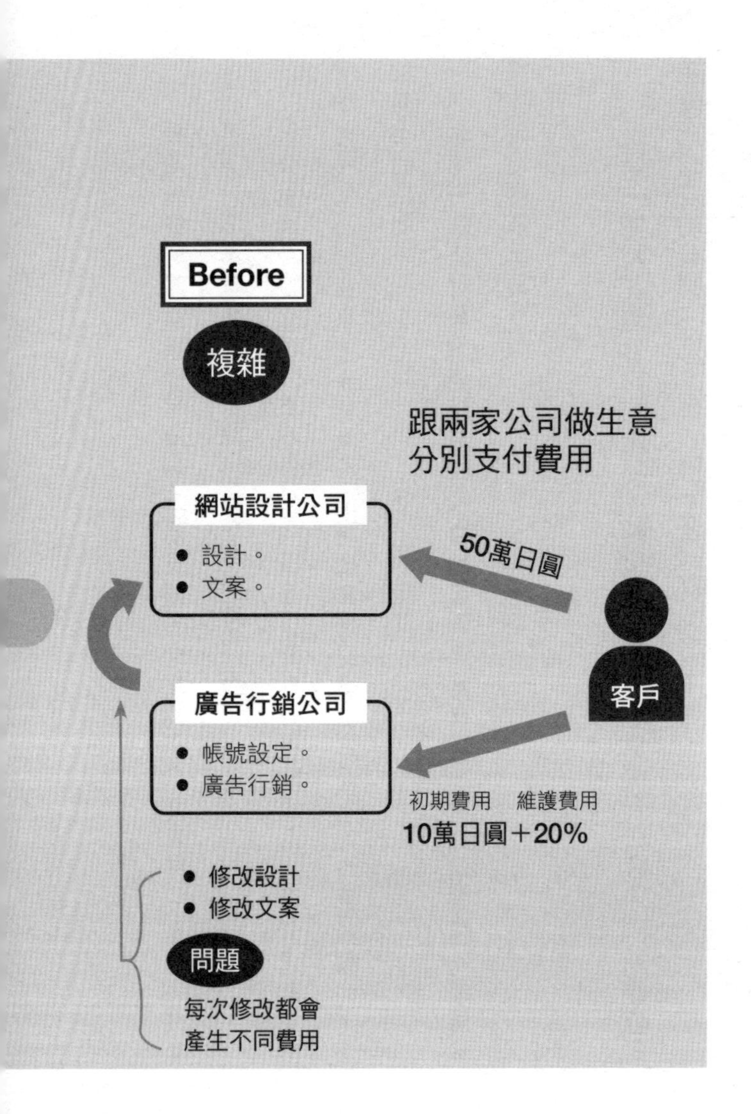

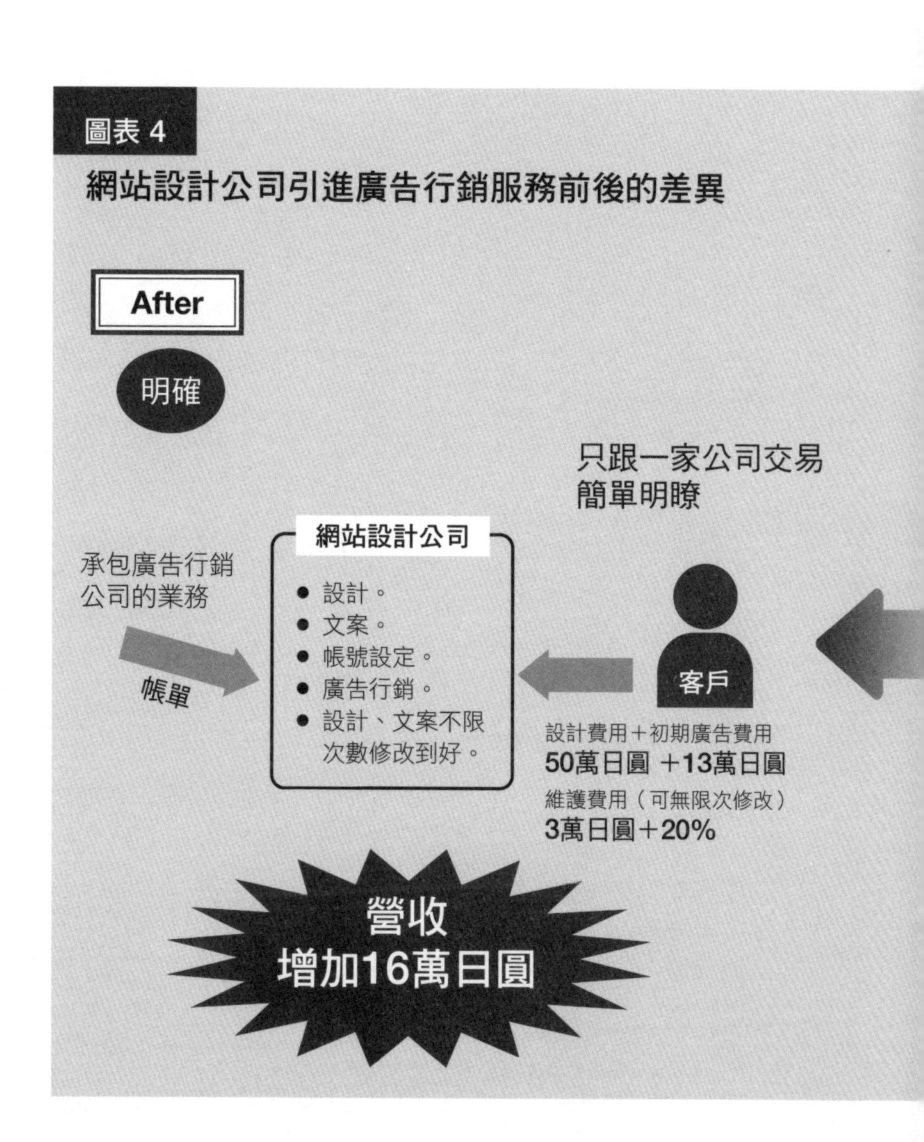
圖表 4
網站設計公司引進廣告行銷服務前後的差異
After
明確
只跟一家公司交易
簡單明瞭
網站設計公司
承包廣告行銷
公司的業務
帳單
● 設計。
● 文案。
● 帳號設定。
● 廣告行銷。
● 設計、文案不限
次數修改到好。
客戶
設計費用＋初期廣告費用
50萬日圓 ＋13萬日圓
維護費用（可無限次修改）
3萬日圓＋20%
營收
增加16萬日圓

5 把人脈變成一門生意

接下來我要介紹的，是一位女性客戶的實際案例，她巧妙的運用了其他公司的信譽，提升自家公司的銷售業績。

這位女性客戶的公司，專門將海外商品引進日本銷售。她過去曾負責進口許多商品，其中有一款編織扭結抱枕，是十分獨特的網狀造型抱枕（見下頁圖表5），吸引了大型量販店的注意。

以這款抱枕為契機，她開啟了與知名大型量販店的合作關係。不過當時的她，還沒有意識到這份合作背後所蘊含的真正意義。

過了一段時間，她與同行交流時，越來越多人對她說：「妳真的和那家大型量販店合作了嗎？太厲害了！能不能也幫我們引薦？」

此刻她才開始意識到，能直接與大企業的負責人洽談，具有重要價值。她開始思考，是否能幫助苦於拓展銷售通路的同行，同時也讓自己的公司獲利。

於是，她創立了新的諮詢服務，專門為生產各種商品的製造商，與大型家電量販店的採購、批發商等牽線搭橋。

許多製造商擁有優質的技術，卻不清楚如何拓展銷售通路，尤其是進入大型量

圖表 5

編織扭結抱枕以打結的靠墊、背墊創意而聞名

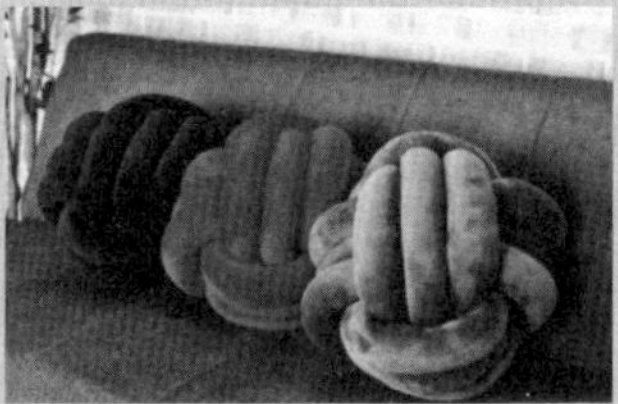

販店這類高門檻的市場；另一方面，量販店的採購人員必須時常尋找新奇有趣的產品。如果能成功牽線，或許將創造三贏的局面。

雖然無法保證量販店一定會向製造商進貨，但廠商仍有機會與大企業的採購人員洽談，並獲得對方的名片。這對於從事零售業的人來說，是獨具價值的服務。

當她實際推出這項服務之後，立即收到數十家公司的申請。這項服務之所以如此受歡迎，最大的原因就在於，這位銷售顧問借用了大型量販店的商譽，並將自家公司與大企業的合作經驗，轉化成提供諮詢服務的有力優勢。她明確掌握了製造商與採購人員的煩惱，並為雙方提供解決方案。

透過這個案例，我想傳達兩個重要的觀點：

1. 工作經歷與合作經驗，可以成為一家公司的強大優勢。

2. 介紹你的人脈或合作夥伴，也可以成為一門生意。

如果你已經與業界的大型企業有過合作經驗，那麼或許可以考慮建立相關的諮詢服務，協助其他公司。

假如你還沒有這樣的經歷，則可以嘗試拋出一個無從拒絕的提案，先設法抱住對方的大腿。與規模更大的企業進行JV，將會為公司的業績帶來莫大的影響力及成長。

6 競爭對手，也能當合作夥伴

本章提到許多相關案例，不過，我最想傳達的觀念是：「這個世界上所有的商品和服務，都是屬於我的。」我曾引用胖虎的金句來比喻這個概念。

身為一名行銷人，當你發現一項優秀的商品或服務時，應該思考如何將其納入自己的業務，或是讓自家公司也能銷售這些產品。

強行開發一個類似的新產品不僅費工耗時，還必須背負銷售業績的壓力。與其如此，不如直接引進其他公司已驗證過的優質產品來獲取利益，這樣既可以降低風險，又能快速實現營利的目標。

「其他公司優質的商品或服務，也是我們優質的商品或服務。」我將這種胖虎思維的行銷策略，稱作「寄居蟹式行銷」。

為什麼是寄居蟹？大多數寄居蟹隨著生長，會從小的貝殼（家）換到其他更大的。有時，牠甚至會搶走其他寄居蟹身上的貝殼，當作自己家。

這正是寄居蟹式行銷的核心。

寄居蟹不只認為自己原本的貝殼是家，牠認為其他寄居蟹的貝殼也能成為自己的家。如果人們也擁有這樣的思維，或許就能拓展事業版圖（但不鼓勵暴取豪奪的行為）。

不只我現有的事業，別人的事業也可以成為我的事業。在適應時代變遷的過程中，寄居蟹式行銷是個十分重要的策略理念。

對手也是合作夥伴

許多人容易把同業或競爭對手視作敵人，但我認為，這些人其實也是十分理想的合作對象。因為**與優秀的同業合作，能加速推動業務進展，取得更出色的成果**。

對資本有限的中小企業來說，與其他公司合作、藉助其力量，通常都會帶來更大的收益。

在《下町火箭》這部小說中，帝國重工一開始對佃製作所百般刁難，遲遲不願攜手合作，為故事增添了戲劇性的張力。但若是發生在現實世界，帝國重工可能不會如此固執，而是會迅速分析、掌握雙方的優勢，並選擇分工合作，共同朝向目標邁進。

因此，請試著以「這個世界上所有的商品和服務，都是屬於我的」的思維來看待其他企業。試想哪些企業擁有你的公司所需要的技術或顧客名單。

- 如何提出讓人願意合作的提案？
- 如何讓他們想跟你合作？

這兩個問題值得你每天仔細思考。只要持之以恆，你一定能找到擁有優質商品或服務的理想合作夥伴。

◎ＪＶ（合資公司）並不是只有大企業才能使用的手法。即便是小公司，也能透過與其他企業合作，獲得超越現有實力的營收、客戶數量，以及提升商譽等目標。

◎在進行ＪＶ或策略聯盟時，請務必事先掌握雙方的利益與目標，才能有效降低失敗風險。

◎合作要盡可能共享顧客名單。

◎與大企業的無意識ＪＶ策略中，對方可能只會將其視作普通的交易，但這樣的合作關係，仍能為你帶來莫大的好處。

◎想要與規模更大的企業合作，就應該先行投資，設法與對方建立起良好的關係，並提出對方無從拒絕的提案。最終獲得的利益，往往會遠超過一開始的投資。

◎如果發現其他公司擁有優秀的商品，可以考慮將其納入自家銷售清單，或是轉化為自家商品進行推廣。

◎在無意識ＪＶ策略中，與大企業的合作經驗本身就是一項強大的優勢。在和其他企業洽談時，只要將相關經驗融入銷售話術中，就能讓合作進行得更順利。

第6章

急需現金或業績，就靠老主顧

1 別大規模降價

在本章中，我將介紹一種有效的方法，告訴你如何巧妙運用回頭客，迅速提升銷售業績，甚至直接轉化為現金收入。

在經營事業的過程中，你一定會遇到資金緊縮、急需現金的情況。在這種時候，求助於你的老主顧（回頭客），會是一個有效的解決方案。

不過，所謂的求助，可不是直接告訴客戶：「我們現在資金周轉不靈，請給點現金吧！」而是推出一系列回饋老客戶的促銷優惠，讓他們以較低的價格購買你的產品或服務。比如，你可以這樣打廣告：

- 「VIP會員限定，現金特價優惠！」：只接受現金支付，但價格比平時便宜二〇%。
- 「回饋老主顧！批發促銷活動！」：一次購買五件同樣商品，即可享八折。
- 「預先付款，享有施工九折優惠！」：施工作業可以安排在下個月，如果本月先行付款，即可打九折。

以這樣的方式，鎖定老客戶推廣限時促銷活動，附加一些付款或購買條件，你就可以快速獲得一筆現金。不過，如果是為了獲取現金，必須先計畫好，不能接受信用卡付款，否則就無法達到目的。在設計這類促銷活動時，一定要確保能夠達到原本的目標。

這個技巧成功的關鍵在於，**並非單純降價求售，而是只優惠常客的回饋活動**。

優惠只給老主顧

回頭客代表購買過公司商品兩次以上的客戶，只要他們滿意之前的購物經驗，當你舉辦優惠活動時，他們通常樂於參與。

相較於新客戶，回頭客的購買意願更高，因此，當你急需現金時，鎖定這群具有高度購買意願的客戶推廣，是最快速且有效的做法。

不過，向回頭客推銷不僅是因為他們有較高的購買率。**如果讓新客戶也能輕易享受這些優惠，促銷提案的價值與稀少性將會大幅降低**。

當你頻繁對ＶＩＰ及會員以外的顧客進行降價促銷，原有的客戶很可能會覺得，原來隨時都可以拿到這麼優惠的價格，而對你的優惠活動失去興趣；或認為也許可以再等等看，價格可能會降到更低。這麼一來，之後在推動限量優惠和促銷活動的效果時，都會受到負面影響。

因此，當你不想降低促銷活動的價值，又希望迅速獲得現金時，最好的方式不是公開降價，而是採取封閉式的策略，例如只針對會員、DM特價或常客專屬的優惠活動。

這麼做不僅能提升會員價值，也能避免促銷優惠泛濫，影響成效。

2 準備三種價格的福袋

人類有一種心理需求，就是「越是看不到的東西，越想要一探究竟」。

福袋就是利用這種心理，來提升銷售量的手法。所謂的福袋，是指顧客無法得知組合的內容，但可以用非常划算的價格購買商品。

過去，這項商品大都來自特定的行業，但如今，各行各業都樂於推出不同種類的福袋商品。如果你還沒有嘗試過，不妨打破過去的慣例，試試看這個做法。例如，在公司急需現金收入時，推出現金特價福袋等方案。

推出福袋之後，建議優先通知老客戶，接受他們的預訂、給予特別待遇，這麼一來，你也能提前確保一定銷量。

設計福袋的技巧

接下來，我將分享一些讓福袋成為暢銷商品的技巧。

1. 找出客戶覺得划算的主力商品

第一個關鍵是，福袋中至少要包含一到兩件「以這個價格，能買到這項商品非常划算」的主力商品。

假如沒有包含這些主力商品，顧客可能會感到失望，進而影響他們對福袋與其他商品的購買意願。相反的，如果主力商品夠吸引人，你甚至可以考慮推出明確公開內容的福袋。

2. 避免放入過多庫存品

只要具備一、兩件特別有吸引力的商品，適量放入一些滯銷品或瑕疵品，通常不會有太大的問題。這樣不僅能促進銷量，還能減少庫存，可謂一箭雙鵰。

但要留意的是，假如福袋內容大部分都是庫存品，難免容易引來客訴或負面評價。因此，請務必精準控制庫存品的比例，讓顧客覺得，即使有些商品實在用不到，也會慶幸十分划算。

3. 製作三種福袋

建議準備三種不同等級的福袋，例如：

- 松（大）：一萬日圓。
- 竹（中）：五千日圓。
- 梅（小）：三千日圓。

準備三種選項，能夠讓顧客在購買時增添選擇的樂趣，進一步提升購買意願。

此外，在行銷學中十分著名的「松竹梅理論」（又稱為「金髮女孩原則」〔Goldilocks principle〕）指出，**商品銷售結果通常會呈現「松二、竹五、梅二」的比例**。因此，**可以先設定出竹的價格，也就是你最希望銷售出去的包裝，接著再逐步為松和梅訂價**。

這樣的做法可確保最低限度的利潤，也能避免過度降價。不過，既然是販售福袋，建議盡量給出獨具吸引力的價格。

4. 限量發售，營造更多購買誘因

福袋一定要設計成限量發售。這樣能強化季節感和稀少性，以此提高顧客的購買意願。此外，也可以鎖定回頭客推出限量的福袋。

5. 不僅限於歲末年初發售

在日本，福袋通常是在歲末、年初販售的季節性商品，但近年來，越來越多公司全年都會提供福袋。因此，也可以考慮不受時節限制，隨時推出福袋販售。

不少人可能會想：看到福袋就會想到過年，其他時候能賣得好嗎？其實完全不用擔心。過去我就曾在盛夏推出福袋，銷量依然很不錯。

對顧客來說，福袋是不是在過年期間推出根本不重要，重點在於能以優惠的價格購買商品。如果你對此有疑慮，在過年以外的時間販售福袋時，不妨考慮將名稱改成驚喜組合或推薦套組。

非實體商品也可以推出福袋

即使你不是提供實體商品，也同樣可以用福袋的形式銷售。假如你提供的是諮詢服務，就可以這樣設計：

- 松（大）：諮詢服務兩小時五萬日圓。
- 竹（中）：諮詢服務一個半小時四萬日圓。
- 梅（小）：諮詢服務一小時三萬日圓。

這樣就可以設計出三種福袋。其他祕訣則與實體福袋相同。

3 瑕疵商品，會員限定

另一個能夠迅速提升公司營收，並獲取現金的技巧，就是出售瑕疵品。只要老實告知客戶商品有些微瑕疵，因而特價出售，顧客通常都能接受，也不會覺得商品的價值有所折損。

其實，有不少顧客特別喜歡選購這類商品，這樣的銷售手法相對容易提升業績。

我過去銷售車用導航系統、急需提升營業額時，就曾使用過類似的策略，宣稱「因為包裝破損，限時特價出售」，然後偷偷打凹幾個包裝盒。雖然外表受損，但裡面完全是新品，顧客們也樂於以優惠價格購買。

不過，這類促銷活動，最好只賣給常客，而不是所有潛在客戶或新客戶。因為，當常客能夠獲取這些促銷情報時，他們才會願意成為店家或公司的忠實顧客。

這個策略不僅能幫助公司快速籌措資金，也更容易使顧客成為你的粉絲。對顧客來說，也能以更優惠的價格購買到想要的商品，可謂雙贏。

某家電商公司，就成功將有瑕疵的蟹腳，打造成市面上的暢銷商品。

在螃蟹捕撈、加工與運輸的過程中，總有部分比例的蟹腳會不小心折斷。折斷腳的螃蟹，商品價值會大幅下降，折斷的蟹腳通常也只會作為贈品處理。

這家電商公司看準了這一點，低價採購這些折斷的蟹腳，將它們作為瑕疵品販售，結果大獲成功。

不過，由於供應量有限，這些蟹腳並未公開販售，而是僅限訂閱電子報的會員購買。

對於愛吃螃蟹的顧客來說，折斷的蟹腳和完整的螃蟹，味道沒有太大差異，便宜的價格反而更具吸引力。而且，對部分顧客來說，螃蟹腹部食用起來有些麻煩，他們更願意直接選購蟹腳來享用。

結果就是，顧客接受了特價的瑕疵蟹腳，銷售瑕疵品的同時也不會影響完整螃蟹的價值。再加上這是專屬電子報訂戶的回饋優惠，更是成功吸引了一大票忠實粉絲。每當蟹腳進貨時，就會立刻銷售一空，成為該公司的熱銷商品，也為營收帶來了相當大的貢獻。

販售瑕疵品，是一種能夠同時追求多重效益的行銷手法。

建議你檢視自家公司中，有沒有因為輕微瑕疵或包裝損壞而打算銷毀的商品，或是在製造過程中產生的邊角料，這些都值得考慮將其商品化，或許就能打造出全新的暢銷商品。

不過，基本品質或價值明顯受損的瑕疵商品，可能就難以獲得顧客青睞，甚至會損害自家品牌的名聲。

例如食品業中常見的手法，是將快過期的產品或邊角料，當作瑕疵品來販售。然而，走高檔路線的店家若採用這種做法，可能會導致品牌形象大幅下降，甚至流失部分常客。

販售瑕疵品並非萬能的行銷手法。特別是高階品牌，在推出前仍須謹慎評估，以確保這樣的策略不會對品牌本身造成負面影響。

4 促銷、福袋、瑕疵品，只給VIP

無論是限定促銷、福袋還是瑕疵品，如果只對回頭客提供這些優惠，都能幫助你的公司建立忠實粉絲，穩固業務的發展。

有些顧客認為，只要價格划算，外觀並不重要，也有顧客會對只通知老主顧的VIP待遇感到滿意。無論如何，提供特殊待遇能夠有效鞏固回頭客，讓他們期待收到特價、促銷的通知，甚至特別留意電子報或DM。

定期提供無法透過一般管道獲得的特別資訊，顧客的滿意度也會隨之提升。這是一種販售「稀少性」的行銷策略。

回頭客總希望得到特殊待遇。雖說適時進行促銷，將潛在顧客轉化為新客戶是必要的，但這麼做並不能讓回頭客感覺自己很特別，反而會讓他們覺得：「我一直都是這家店的常客，卻沒有享受到任何特殊待遇，為什麼只為新客戶提供折扣？」這樣的感受可能導致他們選擇離開。

正如第一章提到的帕雷托法則：二〇％的因素會影響八〇％的結果。應用到公司的營收上，則可以解釋為二〇％的顧客貢獻了八〇％的營業額。

這二〇％的顧客，指的正是公司的常客。

因此，應該特別珍惜這些回頭客，持續提供特別待遇，讓他們願意一直支持你的品牌與產品。

5 無論如何，都要給促銷一個理由

前面提到了幾種透過調整付款方式或是購買條件，來促銷、快速回收現金的方法。不過，在降價前，還有一點需要特別留意，那就是要為降價活動找出一個合理的理由。

如果沒有合理的藉口，消費者可能會產生疑慮，甚至懷疑突然變便宜的商品是不是有問題。而要打消顧客的疑慮並不容易。

有趣的是，儘管**人們會對沒有原因的降價促銷感到不放心，但只要有一個看似合理的原因，他們就完全能夠接受**。

即便真正的原因只是需要一筆現金，也請編造出一個看似合情合理的解釋。例如：「老闆生日，本月特別推出老主顧限定優惠活動！」或「因為兒子考試考得好，老闆特別開心，特此推出限時三天、全品項八折的優惠！」

無論理由輕重，只要聽起來合理，顧客就能接受，且十分樂意參與相關的促銷活動。

降價促銷可以是任何理由。接下來要介紹的，就是一個自私卻仍收獲成功的案例。

某家知名的牛排店，曾一度陷入經營危機，急需現金來降低資金周轉的壓力。當時，他們選擇了一個相當直接的做法——在店門口貼上一張「請幫幫我們！再這樣下去，我們會破產的！」的公告。

這家店並沒有同時推出任何降價活動，但這個真誠且直接的公告，引起大量回頭客及粉絲關注，他們紛紛前來用餐，使店家的營收直線上升，減緩了資金困境。

這個事件也曾被新聞媒體報導，廣傳社群媒體，為店家帶來了不小的宣傳效果。

這個例子是使用最終手段的代表，但它也充分顯示，只要擁有足夠的忠實粉絲，遭遇危機時就能倚賴這些支持者，在短期內成功集資。當然，事後也千萬別忘了向粉絲們表達你的謝意。

你也可以嘗試運用類似的策略，例如誠實告知顧客：「本月資金周轉不靈，現金特價促銷活動開跑！」這種做法或許能帶動一波熱潮。

只不過，這麼做除了必須擁有充足的粉絲基礎，也可能帶來一定的商譽風險。因此，在採取這個手段之前，請務必三思。

6 新產品，讓老顧客優先預購

回頭客是最忠實的顧客，因此，當推出新產品或新服務時，建議先鎖定他們販售。畢竟，如果連最熟悉品牌的回頭客都不願購買，新客戶也很可能不會買單。**藉由優先銷售給回頭客的機制，可以在新商品正式推出前有效評估市場**。

假如限定販售的結果並不理想，你可以暫緩公開販售，另訂策略，以盡量減少損失。

當你囤積大量庫存、銷售狀況卻不盡理想時，往後會面臨嚴重的損失。因此，當新產品的銷售狀況有風險，事前販售是相當有效的策略。

在對回頭客進行限定販售時，有兩個需要特別注意的重點。

首先，**盡量採取預購形式販售**。在無法預估商品銷量的情況下，囤積大量庫存是高風險的行為。因此，可以先觀察回頭客預購的總量，避免大規模生產卻賣不完的窘境。

你可以根據預算或生產成本等條件，設定一個門檻，例如當預購數量達到一百件之後，就公開販售，或是假如預購數量未達五十件，就取消公開販售等。這能夠幫助你在預測銷售表現時，做出冷靜的判斷。

此外，由於限定預購期間，還沒有人使用過這項商品，預購狀況不佳可能是因為宣傳時沒有如實傳達產品的優點，或是顧客無法想像使用產品後的效果。

這時，你可以試著修改廣告模式或行銷訴求，並反覆測試，找出最適合的銷售策略。

當你掌握了正確的行銷方針，就能更有自信的公開販售。相反的，如果經過多次嘗試，銷量仍然不理想，也可以選擇停止生產、進貨或銷售，將損失控制在最小範圍內。

第二個須特別留意的重點是，**在預購結束後，要向購買產品的顧客發放問卷，蒐集使用回饋**。或是以提供意見為前提出售商品。

同時，也可以事先設定一些條件，例如會將這些回饋刊登在公司網站或是銷售網頁上（或是請購買產品的人在銷售平臺上發表評論等）。

推出新商品，或是進入全新的領域時，蒐集顧客的真實回饋是首要任務。透過顧客的使用經驗，能大大增加其他消費者對產品的信賴感。

對消費者來說，廣告是企業的自我宣傳，而顧客的回饋比較客觀，也較具有公信力。

此外，無論是傳單、網站或其他廣告媒體，都應該盡量加入使用者的回饋。缺乏使用感想的廣告，很難達到良好的行銷效果。

提供預購及觀測市場的同時，請務必蒐集大量的顧客回饋。公開販售時，有三十則顧客評論，和完全不包含評價的廣告，新客戶對兩者的反應將有天壤之別。

◎當你需要快速獲取現金或提升銷售業績時，回頭客是最好的目標。推出VIP限定促銷或老顧客專屬優惠活動，能高效率的獲得營業額與現金。

◎福袋雖是一種傳統的行銷手法，但至今仍相當有效。如果你尚未嘗試過，可以考慮將商品以福袋的形式推出，不限於歲末或年初，全年皆可銷售。

◎將瑕疵品銷售給回頭客，能夠穩定提升業績。

◎對回頭客進行限量促銷或販售瑕疵品時，請務必明確設定降價銷售的原因。真正的原因並不重要，但若沒有適當的折價理由，可能引發顧客的疑慮、降低公司產品價值，甚至損害品牌形象。

◎開發新商品時，開放讓回頭客優先預購，不僅能簡單觀測市場，還可以蒐集顧客回饋，當作公開販售時的廣告素材，提升宣傳效果。

後記
看看別人怎麼成功？模仿它

本書所介紹的反常識商業模式，有部分來自書籍、新聞等媒體的報導，但大多數是我在行銷業界多年的所見所聞。此外，這些案例也包括我參加行銷研討會時學習到的內容、我自己的實務經驗，以及我的客戶們成功實踐的例子等。我希望能夠協助讀者了解，**最有價值的，就是別人的成功**。

真心希望你在閱讀本書時，能夠發現許多適用於自家公司的案例，甚至可以直接「抄襲」到日常工作中，哪怕只有一個也好。

如同書中所說，我在擔任行銷顧問之前，曾在一家大型連鎖汽車百貨的行銷部門工作，並在那裡學習到各式各樣的行銷手法。

獨立創業後，我從零起步，從銷售車用導航系統，逐漸將業務拓展到網站設計、文案撰寫，甚至開始經營行銷顧問事業。

在這段成長過程中，我參考了不少其他公司的成功行銷案例，並不斷思索：「這個手法要如何應用在我們公司？」直至現今，我仍然保持著這樣的思維。

能實現反常識商業模式的行銷頭腦，是從每天的思考累積而來。

希望你在閱讀本書後，能至少模仿其中一個策略，並嘗試應用在職場中，仿效行銷高手的做法，逐步壯大自己的公司。

如果本書能為你提供任何協助，即便只是一點點，對身為作者的我來說，都是莫大的榮幸。

國家圖書館出版品預行編目（CIP）資料

會賺錢的人總是反常識：成本比定價貴三倍、瑕疵品賣給老顧客、拿競爭對手商品來賣……違反常識卻能高獲利！學起來／小嶋優來著；林佑純譯 . -- 初版 . -- 臺北市；任性出版有限公司，2024.12
208 面；14.8×21 公分 . --（issue；79）
ISBN 978-626-7505-26-7（平裝）

1. CST：行銷學　2. CST：行銷策略

496　　113015548

issue 79

會賺錢的人總是反常識

成本比定價貴三倍、瑕疵品賣給老顧客、拿競爭對手商品來賣……違反常識卻能高獲利！學起來

作　　者／小嶋優來
譯　　者／林佑純
責任編輯／連珮祺、張庭嘉
校對編輯／陳竑悳
副 主 編／馬祥芬
副總編輯／顏惠君
總 編 輯／吳依瑋
發 行 人／徐仲秋
會計部｜主辦會計／許鳳雪、助理／李秀娟
版權部｜經理／郝麗珍、主任／劉宗德
行銷業務部｜業務經理／留婉茹、專員／馬絮盈、助理／連玉
　　　　　　行銷企劃／黃于晴、美術設計／林祐豐
行銷、業務與網路書店總監／林裕安
總 經 理／陳絜吾

出 版 者／任性出版有限公司
營運統籌／大是文化有限公司
　　　　　臺北市 100 衡陽路 7 號 8 樓
　　　　　編輯部電話：（02）23757911
　　　　　購書相關諮詢請洽：（02）23757911 分機 122
　　　　　24 小時讀者服務傳真：（02）23756999
　　　　　讀者服務 E-mail：dscsms28@gmail.com
　　　　　郵政劃撥帳號：19983366　戶名：大是文化有限公司

香港發行／豐達出版發行有限公司 Rich Publishing & Distribution Ltd
　　　　　地址：香港柴灣永泰道 70 號柴灣工業城第 2 期 1805 室
　　　　　Unit 1805, Ph.2, Chai Wan Ind City, 70 Wing Tai Rd, Chai Wan, Hong Kong
　　　　　電話：21726513　傳真：21724355　E-mail：cary@subseasy.com.hk

封面設計／尚宜設計有限公司　內頁排版／王信中
印　　刷／韋懋實業有限公司

出版日期／ 2024 年 12 月初版
定　　價／新臺幣 399 元（缺頁或裝訂錯誤的書，請寄回更換）
I S B N ／978-626-7505-26-7
電子書 ISBN ／ 9786267505243（PDF）
　　　　　　　9786267505250（EPUB）